室内软装设计

INTERIOR SOFT DECORATION DESIGN

主　编　陈　苏　　周帆扬

副主编　宁雪娇　　王德成　　陈　浒
　　　　邓枝绿　　李敏勇

参　编　黄子昕　　余志英　　吕晓洁
　　　　王　颖　　刘　嘉　　沈　毅
　　　　林乐翔　　林伟伟　　宋丹举

北京理工大学出版社
BEIJING INSTITUTE OF TECHNOLOGY PRESS

内 容 提 要

本书共设置六个模块，主要内容包括室内软装设计综述、室内软装构成元素、室内软装设计空间分析、室内软装设计制作、室内软装设计摆场、各类室内软装设计。本书力求从室内软装设计的本质及原理入手，提升学生室内软装设计的水平和鉴赏能力。

本书可作为高等院校各类艺术设计类相关专业的教学用书，也可作为相关设计人员的参考用书。

版权专有　侵权必究

图书在版编目（CIP）数据

室内软装设计 / 陈苏，周帆扬主编.--北京：北京理工大学出版社，2024.10.

ISBN 978-7-5763-4501-8

Ⅰ. TU238.2

中国国家版本馆CIP数据核字第2024406P63号

责任编辑：钟　博		文案编辑：钟　博	
责任校对：周瑞红		责任印制：王美丽	

出版发行 / 北京理工大学出版社有限责任公司

社　　址 / 北京市丰台区四合庄路6号

邮　　编 / 100070

电　　话 / (010) 68914026（教材售后服务热线）

　　　　　　(010) 63726648（课件资源服务热线）

网　　址 / http：//www.bitpress.com.cn

版 印 次 / 2024年10月第1版第1次印刷

印　　刷 / 河北鑫彩博图印刷有限公司

开　　本 / 889 mm × 1194 mm　1/16

印　　张 / 7

字　　数 / 194千字

定　　价 / 89.00元

图书出现印装质量问题，请拨打售后服务热线，负责调换

前言 PREFACE

党的二十大报告提出"办好人民满意的教育"。为此，我们编写了《室内软装设计》一书。

本书采用模块单元的形式，主要内容包括室内软装设计综述、室内软装构成元素、室内软装设计空间分析、室内软装设计制作、室内软装设计摆场、各类室内软装设计等。每个模块又包含诸多单元。本书要求学生在学习必要的室内软装设计理论的基础上，理论联系实际，使自身的专业技能、职业素养得到和谐发展与提高。

本书注重激发学生的学习兴趣，丰富课堂教学的内容。本书在模块的每个单元中都设置三大部分，即单元认知、单元学习、单元实训。其主要有以下特点。

（1）单元认知部分。单元认知部分具有引导性和启发性。这一部分介绍了单元的主题、目标和重要性，帮助学生对即将学习的内容有一个整体的认识和预期。单元认知可以帮助学生明确学习方向，并激发学生的学习兴趣，为后续的学习做好准备。

（2）单元学习部分。单元学习部分具有系统性和深入性。这一部分详细阐述了单元的核心知识和技能，包括理论讲解、技能操作等。学生可以通过阅读、思考和实践，逐步掌握室内软装设计的基本原理和方法。单元学习的内容通常具有层次性和逻辑性，从基础知识到高级技能，逐步深入，帮助学生建立完整的知识体系。

（3）单元实训部分。单元实训部分具有实践性和创新性。这一部分设计了一系列与单元主题相关的实践任务和项目，要求学生运用所学知识解决实际问题。通过实训，学生可以巩固和拓展所学知识，提高实际操作能力，培养创新思维和解决问题的能力。单元实训具有多样性和灵活性，可以根据学生的实际情况和需求进行调整和优化，以达到最佳的学习效果。

本书在编写过程中参阅了大量文献和参考资料，在此向原作者致以衷心的感谢！

由于编写时间仓促，编者的经验和水平有限，书中难免存在不妥之处，恳请广大读者批评指正。

编　者

目录 CONTENTS ·························· ◎

模块一 | 室内软装设计综述

知识目标

1. 了解室内软装设计的含义、意义及特点。
2. 了解当前室内软装设计的发展趋势。
3. 掌握软装设计在室内空间营造中的重要作用。
4. 掌握室内软装设计的完整程序。

能力目标

1. 能够准确捕捉业主的需求和期望，为后续的设计工作奠定坚实的基础。
2. 能够运用专业知识和创新思维，提出符合业主需求和设计理念的软装方案。

素养目标

1. 培养学生的团队协作精神和沟通能力，使学生学会在团队中发挥自己的优势，与他人共同完成任务。
2. 增强学生的职业素养和责任意识，使学生明白作为软装设计师应该具备的专业素养和职业道德，能够为业主提供优质的服务和满意的作品。

模块导航

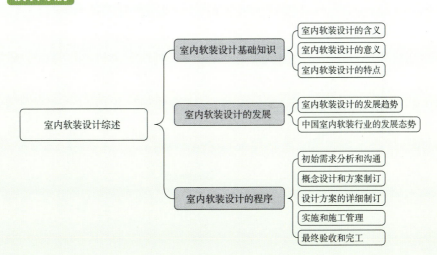

单元一　室内软装设计基础知识

⊙ 单元认知

　　在本单元的学习中，我们将探索室内软装设计的基础知识。通过了解室内软装设计的含义，我们能够认识到它在室内空间中所扮演的重要角色。室内软装设计不仅能够提升空间的美感与和谐度，还有助于提升居住者的生活品质，传承文化，并展现居住者的个性和品位。同时，我们还将深入了解室内软装设计的特点，包括其艺术性和审美性、实用性和功能性、色彩与材质的和谐统一及文化传承和创新等方面。本单元的学习将为后续的室内软装设计实践奠定坚实的理论基础。

室内软装设计作品

⊙ 单元学习

一、室内软装设计的含义

　　室内软装的"软"最初是相对于室内界面基础装修的"硬"来说的，单纯指"软"的织物饰品类。随着经济的发展和室内设计行业的繁荣，软装饰品被赋予更丰富的内涵，不再局限于物理上的"软"特征。一般理解下的室内软装设计是指在完成室内空间界面的基础装修工作后，对其余那些易于更换、移动的装饰品或陈设品的搭配设计。例如，室内纺织品、家具、陈设品、灯具、植物等都属于软装饰品，对它们的搭配设计是对室内设计在舒适度上更进一步的细化，强调人们对于室内"软环境"的追求，即利用软装饰品营造一个亲切、自然、柔和、个性的空间，以满足居住者的精神追求（图1-1～图1-4）。

图 1-1

图 1-2

图 1-3　　　　　　　　　　　　　　　　图 1-4

二、室内软装设计的意义

室内软装设计的意义深远且多维，它不仅关乎空间的视觉美感，还涉及居住者的生活品质、文化体验及个性展现等多个方面。

1. 室内软装设计能够显著提升空间的美感与和谐度

通过精心挑选的家具、窗帘、地毯、灯具等软装元素，设计师能够打造出既符合功能需求又兼具艺术美感的室内环境。这些元素在色彩、材质、造型上的巧妙搭配，使整个室内空间充满了生机与活力，为居住者带来愉悦的视觉享受（图 1-5、图 1-6）。

图 1-5　　　　　　　　　　　　　　　　图 1-6

2. 室内软装设计有助于提升居住者的生活品质

室内软装设计不仅关注室内空间的视觉效果，更注重居住者的实际需求和舒适度。设计师会根据居住者的生活习惯、兴趣爱好及空间功能等因素，为居住者量身打造个性化的软装方案。这些软装方案既实用又美观，能够充分满足居住者的日常生活需求，使居住者在舒适的环境中享受高品质的生活（图1-7、图1-8）。

图 1-7 图 1-8

3. 室内软装设计是文化传承的重要载体

软装元素蕴含着丰富的文化信息，通过巧妙的设计和运用，能够将这些文化信息融入现代家居空间。这不仅有助于弘扬传统文化，还能够让居住者在日常生活中受到文化的熏陶和滋养，增强文化自信心和归属感（图1-9、图1-10）。

图 1-9 图 1-10

4. 室内软装设计是展现居住者个性和品位的重要方式

　　每个人的审美和喜好都不同，软装设计能够充分展现居住者的个性和品位。设计师会根据居住者的需求和喜好，打造出独具特色的软装风格，让居住者的生活空间成为展示其个性和品位的舞台（图 1-11、图 1-12）。

图 1-11　　　　　　　　　　　　　　　图 1-12

三、室内软装设计的特点

1. 室内软装设计具有极强的艺术性和审美性

　　室内软装设计不仅是简单的物品摆放和色彩搭配，更是一种艺术创作。设计师运用各种美学原理，将家具、窗帘、地毯、灯具等软装元素巧妙地组合在一起，形成独特的艺术风格，让室内空间焕发出别样的光彩。这种艺术性和审美性不仅能够提升居住者的生活品质，还能够反映其个性和品位（图 1-13、图 1-14）。

图 1-13　　　　　　　　　　　　　　　图 1-14

2. 室内软装设计注重空间的实用性和功能性

室内软装设计并非仅追求美观，更重要的是要满足居住者的实际需求。设计师会根据室内空间的大小、形状和功能需求，合理规划家具的布局和饰品的摆放，确保室内空间的舒适度和便利性。同时，设计师也会考虑到居住者的生活习惯和喜好，打造出既美观又实用的室内环境（图 1-15、图 1-16）。

图 1-15　　　　　　　　　　　　　　　　图 1-16

3. 室内软装设计强调色彩与材质的和谐统一

色彩和材质是室内软装设计中不可或缺的元素，它们对于营造室内氛围和展现设计风格起着至关重要的作用。设计师会根据居住者的喜好和室内空间的特性，选择合适的色彩和材质进行搭配，使整个室内空间呈现和谐统一的美感。这种和谐统一不仅能够提升室内空间的视觉效果，还能够让居住者感受到舒适和愉悦（图 1-17、图 1-18）。

图 1-17　　　　　　　　　　　　　　　　图 1-18

4. 室内软装设计具有文化传承和创新的特点

　　室内软装设计融入了丰富的文化元素和艺术风格，这些元素和风格不仅反映了设计师的创意和审美，还承载了传统文化的精髓。同时，室内软装设计在不断创新和发展，不断引入新的设计理念和技术手段，让室内空间更加具有时代感和现代感（图1-19、图1-20）。

图1-19　　　　　　　　　　　　　　图1-20

◎ 单元实训

1. 实训目标

　　通过本次实训，学生能够加深对室内软装设计的含义、意义及特点的理解，初步掌握室内软装设计的基本思路和方法，为后续深入学习打下基础。

2. 实训内容

　　（1）理解室内软装设计的含义。

　　1）学生需要查阅相关资料，了解室内软装设计的定义和所包含的元素（如家具、窗帘、地毯、灯具、饰品等）。

　　2）通过讨论或分享，学生需要阐述自己对室内软装设计含义的理解。

　　（2）探讨室内软装设计的意义。

　　1）学生分组讨论室内软装设计在提升空间美感、改善居住品质、传承文化及展示个性等方面的意义。

　　2）每组选择一个方面进行深入探讨，并准备简短的报告或展示。

　　（3）分析室内软装设计的特点。

　　1）学生需要根据所学内容，列出室内软装设计的几个主要特点（如艺术性与审美性、实用性与功能性、色彩与材质的和谐统一等）。

　　2）学生需要选择其中一个特点，结合实例进行分析和说明。

（4）简单室内软装设计实践。

1）学生选择一个小型空间（如书桌、床头或角落等），进行简单的室内软装设计实践。

2）学生需要考虑空间的功能需求、色彩搭配和元素选择，进行布置和摆放。

3. 实训要求

（1）学生应积极参与讨论和分享，认真理解室内软装设计的含义、意义及特点。

（2）在实践环节，学生应注重创意和实用性，尽量使设计符合所选空间的特点和需求。

（3）学生应按时完成实训任务，并提交相关的讨论记录、分析报告和实践作品。

单元二 室内软装设计的发展

◉ 单元认知

随着社会生产力与工业化的发展，软装饰品日益丰富，琳琅满目的软装饰品极大地满足了人们多层次的生活要求和审美追求，也使设计师在进行室内软装设计时可以广泛选择，从而呈现多种不同的设计样式和风格，推动室内装饰设计的发展。

◉ 单元学习

一、室内软装设计的发展趋势

室内软装行业在我国经过十几年的发展，逐渐形成了壮大的规模。室内软装设计呈现以下几个主要趋势。

1."轻硬装，重软装"的发展趋势

随着物质的富足、生活条件的改善，消费者对室内环境的要求越来越高，室内软装设计费用在整个室内装饰设计费用中所占的比例逐年增高，而硬装设计的费用逐年下降，室内软装设计日益受到人们的青睐，"轻硬装，重软装"的局面有逐渐扩大之势，这直接刺激软装饰品行业的蓬勃发展。从家具行业到纺织业，从灯具行业到室内日用品行业，软装饰品行业的原创产品越来越多，更能满足人们追求舒适、个性的需求。另外，软装饰品便于更换、移动也是它受到欢迎的一个重要原因。随着"轻硬装，重软装"理念的普及，软装饰品的消费量必然继续呈现上升的趋势。

2. 个性化、多元化的发展趋势

工业化生产带来了建设速度的革命，但千篇一律的建筑空间和室内装饰已经不能满足人们日益增长的审美需求。现代商品楼多数是发展商做基础装修，户型材料甚至厨卫产品的搭配都是相同的，而当今是一个主张个性化的时代，打破同一、追求个性、创造与众不同的室内空间环境才是室内装饰设计的必然趋势。在这种情况下，室内软装设计成为室内空间彰显个性的主要手段。软装饰的搭配与布置本身就具有较大的主观性，是居住者文化涵养、艺术品位、审美情趣等个性特征的体现，能给人带来新颖、独特的感受。

室内装饰设计同时呈现多元化的趋势，尤其在盛极一时的现代风格之后，由于人们对软装饰的选择各不相同，再加上全球一体化，不同地域文化元素融入现代人的生活，所以室内软装设计必然

要多元化发展才能满足不同人的需求。总之，软装饰个性化、多元化的发展趋势是社会发展的必然
结果，也是人们物质和精神文化需求日益增长的结果（图 1-21 ～ 图 1-23）。

图 1-21

图 1-22

图 1-23

3. 绿色环保、可持续的发展趋势

日趋严峻的全球污染给人们带来空前的困扰，尤其是在 PM2.5（指大气中直径小于或等于 2.5 μm 的颗粒物）指数时常超标的国内一线城市，面对工作、生活的双重压力，绿色环保、回归自然的生活方式是人们所迫切追求的，绿色环保的室内软装设计能让人亲近自然，达到自我放松的目的。同时，现代室内装修污染的案例越来越多，这主要是人们在室内装修过程中采用不合格装修材料及不合理的设计造成的。劣质材料使室内空气含有损害人体健康的氡、甲醛、苯、氨和挥发性有机物等，另外，装修过程中产生的各种粉尘、废弃物和噪声污染，都会严重影响人们的生活。例如，存在于水泥、砂石、天然大理石中的氡是一种放射性惰性气体，它无色无味，但它造成的污染仅次于吸烟，位列肺癌第二诱因；再如，采用大量不合格人造板材、胶黏剂、涂料等会造成甲醛超标，长期接触会引起各种慢性呼吸道疾病，引起青少年记忆力和智力下降，引起鼻咽癌、结肠癌、新生儿染色体异常等，甚至可以引起白血病。

由于室内污染案例的增多，加之媒体对其危害的宣传，人们在室内软装方面逐渐有了绿色环保的意识，提倡健康、科学、适度的装修，避免盲目追求豪华装饰装修，最大限度地在源头上遏制室内环境污染，软装材料选用贴有安全健康认证报告的产品，选择正规的装饰公司，将室内装修污染程度降到最低（图 1-24 ～图 1-26）。

图 1-24

图 1-25

图 1-26

二、中国软装行业的发展态势

　　软装行业于 20 世纪末在我国兴起，近年来发展迅速。我国软装的年消费能力达 2 000 亿 ~ 3 000 亿元。从 2000 年至今，全国家居装饰品消费量以年均 30% 以上的速度增长。当下，我国是全球最大的软装饰制造国，也是全球最大的软装饰消费市场，中国软装行业市场规模持续增长，年复合增长率高达 12.5%。

　　2016 年，我国住宅房屋施工面积高达 66.1 亿 m²，竣工面积为 17.1 亿 m²。住宅装饰行业与住宅装修行业完成工程总产值 3.7 万亿元，其中住宅装饰行业完成工程总产值 1.8 万亿元。2020 年，我国精装交房普及，软装市场份额比 2016 年增长 20% ~ 30%。我国的存量房、新建住宅、二手房交易、旧房改造等需求形成了全球最大面积的待装修市场。

我国软装行业的发展态势主要有以下几点。

（1）精装修房的大热对整个家居行业来说是一个新的考验，也是一个新的发展契机。

（2）家具厂商向软装市场转型。

（3）越来越多追求时尚、品位的业主主动要求设计公司进行软装服务，软装人才供不应求。

◉ 单元实训

1. 实训目标

通过本次实训，学生能够了解室内软装设计的发展趋势，感受室内软装设计在现代室内设计中的重要地位，并初步掌握室内软装设计的基本技巧和方法。

2. 实训内容

（1）趋势分析与讨论。

1）学生分组，每组选择一种发展趋势（如"轻硬装，重软装""个性化、多元化"或"绿色环保、可持续"）进行深入分析。

2）通过查阅资料和讨论，每组准备一份简短的报告，阐述所选发展趋势的背景、特点及对室内软装设计的影响。

（2）案例研究。

1）学生选择几个典型的室内软装设计案例，分析这些案例是如何体现当前室内软装设计发展趋势的。

2）学生需要从案例中提炼出设计思路、元素选择、色彩搭配等方面的亮点，并分享给其他同学。

（3）小型室内软装设计实践。

1）学生选择一个具体的室内空间（如教室一角、宿舍或校园小型休息区），根据所学室内软装设计的发展趋势和案例启示，进行小型室内软装设计实践。

2）学生需要考虑空间的功能需求、风格定位及流行趋势，选择合适的软装元素进行布置和摆放。

（4）成果展示与反馈。

1）学生将自己的设计作品进行展示，包括设计草图、实际布置照片或视频等。

2）其他同学和教师对学生的设计作品进行点评及反馈，并提出改进意见和建议。

3. 实训要求

（1）学生应积极参与讨论和分析，深入理解室内软装设计的发展趋势。

（2）在实践环节，学生应注重创意和实用性，尽量使设计符合所选空间的特点和需求。

（3）学生应按时完成实训任务，并提交相关的分析报告和实践作品。

单元三 室内软装设计的程序

◉ 单元认知

室内软装设计并非简单地摆放家具和饰品，而是需要经过一套系统、科学的程序来确保设计的完整性和效果。从初始需求分析和沟通，到概念设计和方案制订，再到详细制订、实施和施工管理，直至最终验收和完工，每一步都不可或缺。通过这套程序，设计师能够更加精准地理解客户的需求，创造出既实用又美观的室内空间环境。

◉ 单元学习 ·· ◉

室内软装饰设计的程序大致分为五步，这些程序之间的界线不那么明显，在工作的过程中按照程序操作会更明确。

一、初始需求分析和沟通

在设计开始之前，设计师需要与客户进行充分的沟通和了解，以确保他们对项目的需求和期望有清晰的理解。这一阶段通常包括以下几个步骤。

（1）需求收集。设计师与客户进行面对面沟通或通过在线会议沟通，详细了解客户的喜好、风格偏好、预算、使用需求及时间限制等方面的信息。这有助于确立设计方向。

（2）项目调研。设计师需要对项目所在地的文化、环境、气候等进行调研，以确保设计方案能够融入当地的特色和需求。

（3）需求分析。设计师对收集到的信息进行分析和整理，确定设计的基本方向和目标，为后续的设计工作奠定基础。

二、概念设计和方案制订

在明确了客户需求和项目背景的基础上，设计师开始进行概念设计和方案制订。这一阶段通常包括以下几个步骤。

（1）概念生成。设计师根据客户需求和项目背景，进行头脑风暴和灵感挖掘，生成多种可能的设计概念。

（2）概念筛选。设计师与客户共同讨论和评审各种设计概念，根据客户的反馈和意见，逐步缩小范围，确定最终的设计方向。

（3）方案制订。设计师将选定的设计概念转化为具体的设计方案，包括平面布局、色彩搭配、材料选择、家具摆放等方面的细节，形成初步的设计方案图纸或模型。

三、设计方案的详细制订

一旦在概念设计和方案制订阶段确定了基本方向，设计师就开始进行设计方案的详细制订。这一阶段包括以下几个步骤。

（1）设计细化。设计师对初步方案进行细化和优化，考虑更多的细节和实际可行性，包括材料的具体选择、家具的定制和购买、灯光设计等方面（图1-27）。

图 1-27

（2）施工图绘制。设计师根据细化后的设计方案，绘制详细的施工图纸，包括平面布局图、立面图、剖面图等，以便施工人员进行施工。

（3）成本估算。设计师根据设计方案和施工图，对整个项目的成本进行估算，确保在客户的预算范围内完成设计工作。

四、实施和施工管理

一旦设计方案确定并得到客户的认可，设计师就开始进行实施和施工管理。这一阶段包括以下几个步骤。

（1）材料采购和预定。设计师根据设计方案和施工图，开始采购所需的材料和家具，并与供应商进行预定和安排。

（2）施工监督。设计师在施工现场进行监督和管理，确保施工过程按照设计方案进行，质量得到保证。

（3）问题处理。在施工过程中，设计师可能遇到各种问题和挑战，需要及时处理并与客户进行沟通，以寻求最佳解决方案。

五、最终验收和完工

最后一个阶段是最终验收和完工。在这一阶段，设计师需要与客户一起对整个项目进行验收，并确保客户对设计结果满意。这一阶段通常包括以下几个步骤。

（1）项目验收。设计师与客户一起对整个项目进行验收，检查项目是否符合设计方案并达到预期效果，确认是否需要进行修改或调整。

（2）问题解决。如果在验收过程中发现了问题或不足，则设计师需要及时解决，以确保客户满意。

（3）项目完工。一旦所有的问题都解决并得到客户的认可，项目就正式完工，设计师整理项目资料并归档，为项目的后续维护和管理提供支持。

◉ 单元实训

1. 实训目标

通过本次实训，学生能够亲身体验室内软装设计的整个程序，加深对室内软装设计流程的理解，并提升实际操作能力。

2. 实训内容

（1）初始需求分析和沟通。

1）学生分组，每组选择一个模拟的室内空间（如教室、宿舍、图书馆角落等）作为实训对象。

2）每组进行需求收集，通过问卷、访谈等形式了解"客户"（组内其他同学或教师）对空间的功能需求、风格偏好等。

3）进行项目调研，收集相关资料，如空间尺寸、采光情况、现有家具和装饰物等。

4）根据收集的信息，进行需求分析，明确设计目标和方向。

（2）概念设计和方案制订。

1）根据需求分析结果，每组提出至少两个室内软装设计概念，并进行概念筛选，确定最终设计方向。

2）制订详细的设计方案，包括家具选择、色彩搭配、灯光设计、饰品摆放等。

3）在方案制订过程中，需要充分考虑空间的实用性、美观性和成本效益。

（3）设计方案的详细制订。

1）在设计方案的基础上，进行细化设计，包括家具尺寸、材料选择、装饰品采购清单等。

2）绘制简单的施工图或布局图，明确家具和装饰品的摆放位置。

3）进行成本估算，确保设计方案在预算范围内。

（4）实施和施工管理。

1）根据设计方案和采购清单，进行材料采购和预定。

2）在教师的指导下，学生分组进行实际布置和摆放工作，注意施工过程中的安全问题。

3）在施工过程中，教师需进行监督，确保学生按照设计方案进行操作，并及时处理出现的问题。

（5）最终验收和完工。

1）完成施工后，每组进行项目验收，检查设计方案的实施情况，确保达到设计要求。

2）对验收过程中发现的问题进行记录和讨论，提出解决方案并进行整改。

3）完成整改后，进行项目完工总结，分享实训过程中的收获和体会。

3. 实训要求

（1）学生应积极参与实训活动，按照实训程序进行操作，注重团队协作和沟通交流。

（2）在实训过程中，学生应认真记录每个步骤的进展和遇到的问题，以便后续总结和反思。

（3）实训结束后，学生应提交实训报告，总结自己在实训过程中的收获和体会，以及对室内软装设计程序的理解和应用。

模块二 室内软装构成元素

知识目标

1. 了解室内家具的分类方法。
2. 了解室内灯饰的分类、特点。
3. 熟悉室内陈设品的种类与选择原则。
4. 掌握室内家具的基本功能、布局原则。
5. 掌握室内灯饰的搭配方法。
6. 掌握室内织物的种类、搭配原则。

能力目标

1. 能够根据空间功能与用户需求，选择合适的家具类型与风格。
2. 能够根据空间风格与使用需求，选择合适的灯饰类型与风格。
3. 能够根据室内风格与主题，选择合适的织物、绿叶装饰及陈设品。

素养目标

1. 培养学生对室内软装构成元素的审美能力。
2. 激发学生的创新思维，使学生能够在室内软装设计中提出新颖、独特的想法与方案。

模块导航

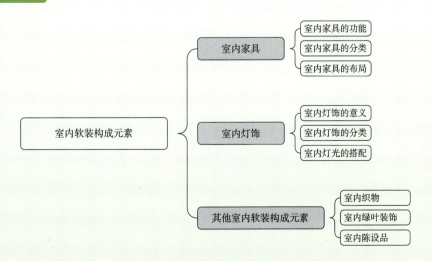

单元一 室内家具

◉ 单元认知

　　家具是室内空间的重要组成部分，其不仅具备实用功能，还能展现风格和品位。本单元深入探讨家具的选择、搭配与布局技巧，介绍如何根据空间需求与风格特点挑选合适的家具，营造舒适、美观的居住环境。

室内家具

◉ 单元学习

一、室内家具的功能

　　家具是人们生活、工作和社会活动中必不可少的室内软装元素，其使用功能主要表现在满足人们坐、卧、支撑和储藏物品的需求，为人们的生活、工作提供便利与舒适条件。家具在室内空间中还起着组织空间、分割空间和丰富空间的作用，能体现室内空间艺术特色及风格，凸显居住者的文化涵养及审美观（图 2-1 ～ 图 2-4）。

图 2-1

图 2-2

图 2-3

图 2-4

　　家具在室内空间中所占的比重较大，除基本的使用功能外，家具对室内整体风格也起着关键性作用。家具和建筑一样受各种思想和流派的影响，不同时期的家具有不同的风格。家具本身的造型、材质、色彩等对室内意境和情调的营造有着重要影响，一些极具装饰性和艺术性的家具往往成为室内空间环境中视觉的焦点（图 2-5 ～图 2-8）。

图 2-5

图 2-6

图 2-7

图 2-8

二、室内家具的分类

1. 按使用功能分类

（1）支撑类家具：主要用来支撑人体的家具，如床、沙发、椅子等（图 2-9 ～ 图 2-11）。

图 2-9

图 2-10

图 2-11

（2）凭倚类家具：主要供人们倚靠、伏案工作或用餐的家具，如书桌、餐桌等（图 2-12 ～图 2-14）。

（3）储存类家具：用于存放物品，如衣柜、书柜、橱柜等（图 2-15 ～ 图 2-17）。

图 2-12

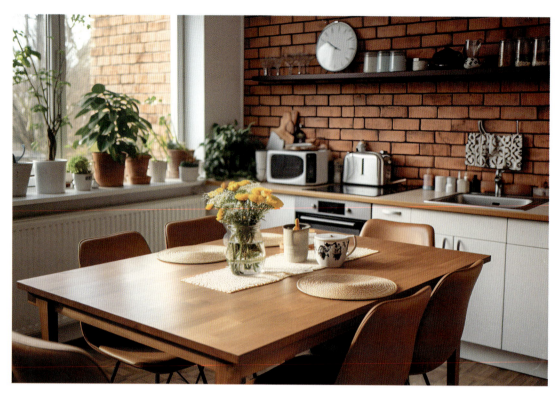

图 2-13

图 2-14

图 2-15

图 2-16

图 2-17

（4）装饰类家具：以装饰为主要功能，如装饰台、花瓶架等（图 2-18、图 2-19）。

图 2-18

图 2-19

2. 按制作材料分类

（1）木制家具：以木材为主要材料制成的家具（图 2-20、图 2-21）。

图 2-20

图 2-21

（2）金属家具：以金属为主要材料制成的家具（图 2-22）。

图 2-22

（3）塑料家具：以塑料为主要材料制成的家具（图2-23）。

图 2-23

（4）玻璃家具：以玻璃为主要材料制成的家具（图2-24、图2-25）。
（5）竹藤家具：以竹、藤等天然材料制成的家具（图2-26、图2-27）。

图 2-24

图 2-25

图 2-26

图 2-27

3. 按构造体系分类

（1）框式家具：采用框架结构的家具（图 2-28）。

图 2-28

（2）板式家具：采用板材组合的家具（图 2-29）。

（3）折叠家具：能够折叠起来，便于储存和搬运的家具（图 2-30）。

图 2-29

图 2-30

4. 按家具组成分类

（1）单体家具：独立存在的家具，如单椅、单人床等（图2-31）。

图 2-31

（2）组合家具：由多个单体家具组合而成的家具，具有灵活性和空间利用率高的特点（图2-32、图2-33）。

以上只是一些常见的分类方式，实际上，家具还可以根据更多的维度进行分类，如按家具的档次、造型效果等分类。随着设计理念的更新和技术的进步，家具的分类方式也在不断丰富和发展。

图 2-32

图 2-33

三、室内家具的布局

在室内空间中，家具的布局要根据空间的实际功能、风格和改善空间关系等方面的需求进行搭配。

1. 空间的实际功能需求是家具布局的基础

每个室内空间都有其特定的功能和用途，如客厅、卧室、餐厅等，这些功能决定了家具的种类、数量和布局方式。例如，在客厅中，沙发、茶几及电视柜的布局应以便于观看电视、接待客人和休息交流为主要考虑因素；在卧室中，床、衣柜和梳妆台的位置则需要满足睡眠、储物和梳妆的实际需求。因此，家具的布局应紧密结合室内空间的实际功能，确保每个区域的功能得到充分发挥（图 2-34 ~ 图 2-36）。

图 2-34

图 2-35

图 2-36

2. 室内整体风格需求是家具布局的重要参考

家具作为室内空间的重要组成部分，其风格应与整体室内装修风格协调。例如，如果室内采用现代简约风格，那么家具的线条应简洁流畅，色彩搭配也应以清新明快为主；如果室内采用中式古典风格，家具则应体现出传统文化的韵味和精致工艺。通过选择与室内整体风格匹配的家具，可以增强空间的视觉效果，营造统一、和谐的室内氛围（图2-37、图2-38）。

图 2-37

图 2-38

3. 改善室内空间关系是家具布局的重要目标

合理的家具布局可以优化空间结构，提升空间的利用率和舒适度。例如，利用家具的摆放来划分空间区域，可以营造出层次感和空间感；通过调整家具的高度和尺寸，可以改善空间的通风和采光条件。另外，利用家具的色彩和材质变化，可以增强空间的立体感和层次感。因此，家具的布局不仅是简单的摆放，更是对空间关系的优化和调整（图 2-39 ～ 图 2-41）。

图 2-39

图 2-40

图 2-41

单元实训

1. 实训目标

通过实际操作，学生体验室内家具的布局原则，加深对家具功能的理解。

2. 实训内容

（1）分组与空间选择。将学生分组，每组选择一个教室内的小空间作为实训场地。

（2）空间分析与家具选择。各小组分析空间功能，如学习区、休息区等，并从校园内选择相应的家具样品，如桌椅、书架、沙发等。

（3）家具布局实践。根据空间分析，各小组进行家具布局实践。注意家具之间的空间关系、动线流畅性。

（4）功能体验与评估。邀请其他同学进入空间体验，收集反馈。根据反馈评估家具布局效果，进行适当调整。

（5）总结与分享。实训结束后，各小组分享家具布局心得和体验感受，总结实训收获。

3. 实训要求

（1）在实训过程中应注意安全，避免损坏家具。

（2）积极参与，认真完成任务。

（3）实训结束后清理现场。

单元二　室内灯饰

● 单元认知 ···●

　　灯光能给人们带来多彩的视觉享受。在现代室内空间中，各种光源贯穿其中，发挥着不同的作用，营造出不同的气氛与意境。一百多年前爱迪生发明了电灯，从某种意义上说这是人类利用灯光装饰室内空间的开始。随着照明技术的飞速发展，各种各样的光源被开发出来，人们利用灯光的手段也在不断变化，从而影响着室内空间的光影艺术，改变着人类的生活。

● 单元学习 ···●

一、室内灯饰的意义

1. 营造氛围与情调

　　室内灯饰的首要意义在于其能够营造不同的氛围和情调。通过选择合适的灯具、灯光明暗度和色温，可以营造温馨、浪漫、宁静或活力四溢的空间氛围。这种氛围的营造对于提升居住者的生活品质和情感体验至关重要（图 2-42、图 2-43）。

图 2-42

图 2-43

2. 增强空间感与层次感

　　灯饰的设计与布置能够影响室内空间的视觉感受。通过巧妙的灯光布局，可以突出空间的重点区域，强调空间的层次感和立体感。同时，灯光的投射方向和强度也能够改变空间的视觉大小，使小空间显得宽敞，使大空间更具深度（图 2-44、图 2-45）。

图 2-44

图 2-45

3. 满足照明需求

灯饰最基本的意义在于满足室内的照明需求。无论是日常生活、工作学习还是休闲娱乐，都需要适当的照明来保障活动的顺利进行。因此，选择合适的灯饰和合理的照明方案，对于提高居住者的生活质量和工作效率具有重要意义（图 2-46、图 2-47）。

图 2-46

图 2-47

4. 装饰与美化空间

灯饰作为室内装饰的一部分，其造型、材质和色彩都能为空间增添美感。通过精心挑选与搭配灯饰，可以使其与室内其他装饰元素协调，共同营造美观、和谐的室内环境。这种装饰效果不仅能够提升空间的视觉效果，还能够体现居住者的审美品位和生活态度（图 2-48、图 2-49）。

图 2-48

图 2-49

二、室内灯饰的分类

室内灯饰按装饰部位可分为吊灯、吸顶灯、嵌顶灯、壁灯、落地灯、台灯、轨道射灯等。下面主要讲解几种以装饰部位分类的灯饰。

1. 吊灯

吊灯是一种安装在室内天花板上的高级装饰用照明灯。它通常以电线或铁支垂吊，安装在餐厅等场所，理想的高度是要在桌面上形成一池灯光，同时不阻碍桌上众人的视线交流。吊灯的吊支现如今已经安装上弹簧或高度调节器，以适应不同高度的楼底和装饰需求。吊灯的设计精美，不仅能够提供照明，还能够成为室内空间的亮点，营造独特的氛围（图 2-50、图 2-51）。

2. 吸顶灯

吸顶灯是一种室内使用的灯具，其安装特点是灯具主体的安装面与天花板紧贴。吸顶灯的主要作用是提供室内环境照度，满足基本的照明需求。根据使用的光源不同，吸顶灯适用于不同的场所。例如，使用普通白炽灯泡和荧光灯的吸顶灯主要用于居家、教室、办公楼等空间层高为 3 ～ 4 米的场所；而功率和光源体积较大的高强度气体放电灯则适用于体育场馆、大卖场及厂房等层高为 4 ～ 9 米的场所（图 2-52、图 2-53）。

图 2-50

图 2-51

图 2-52

图 2-53

3. 落地灯

　　落地灯的特点在于其照明和装饰的双重功能。它不仅能够为室内提供光线，还因其独特的造型和设计成为室内空间的亮点，营造出温馨舒适的氛围。落地灯可以随意摆放在室内的不同位置，如客厅、卧室、书房等，根据需要进行灯光的调节和布局。另外，落地灯的外观材质和风格多种多样，可以根据家居风格选择适合的款式。许多落地灯的灯杆还可以伸缩或调节高度，以适应不同的使用场景和需求（图 2-54、图 2-55）。

图 2-54

图 2-55

4. 台灯

　　台灯是放置在写字台或餐桌上的灯具，主要用于照明。它的光亮照射范围相对较小且集中，不会影响整个房间的光线，主要作用范围局限于台灯周围，便于阅读、学习或工作。台灯不仅具有实用性，而且其设计越来越注重艺术性，可以作为装饰品来点缀室内空间，增添美感（图 2-56、图 2-57）。

图 2-56

图 2-57

三、室内灯光的搭配

使用间接光源和暖色光源是住宅灯光设计的通用原则。要想营造柔软、舒适的感觉，并不是必须将室内所有的灯源都打开，单独打开照射墙面或绿色植物的射灯可创造不同的空间风格。

室内灯光的搭配方法如下。

（1）避免使用过多的嵌灯。有的设计师喜欢在天花板安装很多嵌灯，但客户在安装之后会发现太热，而改装 BB 灯管（省电灯球），过多的嵌灯会使空间变得很亮，亮点太多则会产生炫光。嵌灯主要是石英卤素灯，不适合长时间照射人体，最好用于重点照明。

（2）减少使用荧光灯。荧光灯通常打开不会马上亮、过几秒才亮。例如，常见的灯管就是标准的荧光灯。在开关频繁的场合使用荧光灯易造成耗损，应尽量避免使用。

（3）运用轨道灯。一般消费者可自行安装价格较低的轨道灯。这种灯可依需要加装光源，轨道有长有短，适合不同的空间，不过要避免这类光源直射人体。理想的做法是将光打在墙上、画作或盆栽上，这样空间才会显得开阔。

（4）引进室外景致，制造光线律动。设计时要重视营造光线洒进的氛围，以使四季居家时呈现不同的天然光感。该方法用于公寓住宅时可使户外的景色一览无余。

（5）合理选择灯具。首先应确认室内空间的格局与用途，在规划好照明形式及预期效果之后再进行整体照明布局。

⊙ 单元实训 ⊙

1. 实训目标

通过实际选型与搭配操作，学生应了解室内灯饰的分类，掌握灯光搭配的基本原则，提升室内软装设计能力。

2. 实训内容

（1）灯饰分类学习。

1）学生分组，每组收集并整理室内灯饰的分类信息，包括吊灯、吸顶灯、落地灯、台灯等常见类型。

2）每组选择一种类型的室内灯饰进行详细介绍，包括其特点、适用场景及选购要点。

（2）室内灯饰选型实践。

1）选择一个教室或校园内的公共空间作为实训场地。

2）学生根据空间的功能和风格，从校园内或附近灯饰店选择适合的室内灯饰样品。

3）每组学生需要说明所选室内灯饰的类型、风格及其与空间的匹配度。

（3）灯光搭配体验。

1）学生使用所选室内灯饰进行灯光搭配实践时，需要考虑灯光的色温、亮度及照射范围。

2）邀请其他同学或教师进入空间，体验不同灯光搭配带来的氛围变化。

3）收集体验者的反馈，评估灯光搭配的效果，并进行必要的调整。

（4）总结与分享。

1）实训结束后，学生总结灯光搭配的原则和技巧，分享室内灯饰选型与灯光搭配过程中的心得和体会。

2）教师根据学生的实践表现和总结分享进行点评，指出存在的问题和改进方向。

3. 实训要求

（1）学生应积极参与实训活动，认真完成室内灯饰选型与灯光搭配任务。

（2）在室内灯饰选型过程中，注意考虑室内灯饰的实用性、美观性及其与空间的协调性。

（3）在灯光搭配体验中，注意安全用电，避免发生意外。

单元三　其他室内软装构成元素

◉ 单元认知

　　本单元继续深入讨论其他室内软装构成元素，涵盖室内织物、室内绿叶装饰及室内陈设品等关键内容；探讨不同种类织物的特点与搭配技巧，领略盆景艺术与插花艺术的独特魅力，并介绍如何使用功能性与装饰性陈设品点缀室内空间。

◉ 单元学习

一、室内织物

1. 室内织物的种类

　　室内织物可分为两类：一类是满足使用功能的实用性织物；另一类是用于美化室内环境的装饰性织物，如图 2-58 ～ 图 2-60 所示。

图 2-58

图 2-59

图 2-60

（1）实用性织物。

1）床上用品：床罩、被罩、枕套、床单、靠枕等。

2）家具织物：沙发套、靠枕、桌布、椅垫、椅套等。

3）地面铺设类：地毯、脚垫等。

4）帷帘类：帷幔、窗帘等。

（2）装饰性织物，如图 2-61、图 2-62 所示。

1）艺术挂饰：挂毯、织画、装饰挂件等。

2）工艺摆件：布艺玩偶、器具等。

图 2-61

图 2-62

2. 室内织物的特点

（1）室内织物的覆盖面积比较大，能构成室内空间环境的主要色调并形成温馨的气氛。

（2）在室内软装设计的过程中，多用一些室内织物进行表现，会使人们感到亲切。

（3）一般织物的质量比较小，在大型共享空间内做成装饰悬挂物，即使落下来也不会造成伤害，具有安全性。

（4）室内织物的材料来源丰富，质地变化、图案变化、色彩变化效果极其丰富。

（5）室内织物价格低，方便更换，吸声性强。

3. 室内织物的搭配原则

（1）色彩协调原则。室内织物的色彩搭配是室内软装设计的关键。色彩的选择应与室内空间的整体色调、风格及家具的颜色协调。例如，如果家具以深色调为主，那么室内织物可以选择浅色调或中性色调来平衡整体视觉效果。同时，可以根据季节变化调整室内织物的色彩，如冬季选择暖色调，夏季选择冷色调，以营造舒适的室内空间环境（图 2-63）。

（2）材质和谐原则。室内织物的材质应相互和谐，并与室内空间的整体风格契合。不同的材质会带来不同的触感和视觉效果，因此，在选择室内织物时应考虑其功能性和美观性。例如，客厅的沙发和窗帘可以选择柔软舒适的棉麻或丝绸材质，而卧室的床单和抱枕则应选择更为亲肤的纯棉或绒面材质（图 2-64）。

图 2-63

图 2-64

（3）图案与纹理搭配原则。图案和纹理的搭配也是室内织物搭配的重要方面。图案的选择应根据室内空间的大小、风格和整体设计来确定。对于小空间，可以选择简洁、细腻的图案，以避免过于拥挤；对于大空间，可以选择较大或较复杂的图案来增强空间的层次感和视觉冲击力。另外，不同纹理的室内织物相互搭配也可以创造出丰富的视觉效果，如光滑与粗糙、细腻与粗犷等的对比（图 2-65）。

图 2-65

二、室内绿叶装饰

室内绿叶陈设的范围相当广，但总结起来可分为盆景艺术和插花艺术两大类。

1. 盆景艺术

盆景根据其材质不同，可分为树桩盆景和山水盆景。

（1）树桩盆景。树桩盆景也称为盆栽盆景或桩景。"树桩"已经成为植物的代名词，故凡在盆钵中以植物为主，表现自然景色的盆景，均称为树桩盆景（图 2-66）。

（2）山水盆景。山水盆景又称为山石盆景或水石盆景，由自然的石块通过腐蚀、雕琢或锯截、胶合、拼接等加工处理方式，模仿自然山水景观，缀以微型的屋舍、舟车，配置草木、苔藓等制作而成（图 2-67）。

2. 插花艺术

插花是通过选取植物可供观赏的枝、花、叶、果、根等部分，插入容器，经过一定的技术和艺术加工，组合成精美的、富有诗情画意的花卉装饰品（图 2-68、图 2-69）。

（1）插花的分类。根据用途不同，插花可分为礼仪插花和艺术插花。

1）礼仪插花。礼仪插花包括花篮、花束、桌花、圣诞插花、新娘捧花等。

2）艺术插花。艺术插花包括瓶花、盆花等。

另外，插花根据艺术风格可分为东、西方插花和现代自由式插花；根据所用花材可分为鲜花插花、干花插花、人造花插花、混合式插花；根据历史沿革可分为宗教插花、宫廷插花、民间插花、文人插花。

图 2-66

图 2-67

图 2-68

图 2-69

（2）插花的构图。传统插花的基本构图形式有对称式或均齐式、平衡式两种。

1）对称式或均齐式。对称式或均齐式外形轮廓整齐，呈各种规则的几何图形，如三角形、球形、半球形、椭圆形、扇形、锥形等。此类构图的插花要求花材多，且花、叶、枝形状整齐，构图丰满，大小适中。

这类插花大多用于餐厅、会议室、客厅、书房，表现华丽端庄的风格，烘托喜悦欢庆的气氛。

2）平衡式。平衡式为依轴线中心点配置不等形而等量的花、枝、叶的构图形式。此类插花构图形式花材用量较少，选用的花材范围广，花、枝、叶不求整齐，构图高低错落、疏密别致。

三、室内陈设品

广义的室内陈设品包含室内一切可以移动的、用来提供实用功能和营造精神文化氛围的物品，这里主要讲除家具、纺织品、灯具、绿叶装饰外的室内陈设品。室内陈设品总体上可分为功能性陈设品和装饰性陈设品两大类。

1. 功能性陈设品

功能性陈设品是指具有实用功能的室内陈设品，如生活器皿，包括餐具、茶具、酒具、花瓶及各种盛物篮等。餐具是餐厅的重要陈设品，且中式餐具和西式餐具的类型不同，刀、叉、汤匙、盘、碟、红酒杯、餐巾、烛台的搭配可以营造出西餐厅的氛围。一套制作精美的餐具搭配可以使就餐者保持愉快的心情，一套造型考究的茶具搭配可以彰显主人的闲情逸致与文化品位（图2-70～图2-72）。

图 2-70

图 2-71

图 2-72

2. 装饰性陈设品

　　装饰性陈设品是指在室内没有具体的实用性，只是作为观赏的物品，包括绘画、书法、雕塑、雕刻、摄影、陶瓷工艺品、漆器、染织品、剪纸等。装饰性陈设品的配置可以彰显室内空间的艺术氛围，起到画龙点睛的作用（图 2-73、图 2-74）。

图 2-73

图 2-74

◉ 单元实训 ·· ◎

1. 实训目标

通过实际操作与搭配，学生应掌握室内织物、室内绿叶装饰及室内陈设品的选用与搭配技巧，提升室内软装设计能力。

2. 实训内容

（1）室内织物搭配实践。

1）学生分组，每组选择一种室内空间（如教室一角、休息室等）。

2）根据室内空间风格和功能，选择相应的室内织物样品（如窗帘、地毯、靠垫等）。

3）按照色彩协调、材质和谐及图案与纹理搭配原则，进行室内织物搭配实践。

（2）室内绿叶装饰艺术体验。

1）每组学生利用校园内的绿植或花卉，制作一个简单的盆景或插花作品。

2）注意考虑植物的种类、色彩、形态及容器的搭配，展现室内绿叶装饰的艺术美感。

3）将作品放置在所选室内空间内，观察其对室内空间氛围的提升效果。

（3）室内陈设品点缀实践。

1）学生选择功能性陈设品（如餐具、茶具等）和装饰性陈设品（如画作、摆件等）。

2）根据室内空间的大小、风格和需求，合理布置室内陈设品，提升空间的美观度和实用性。

3）邀请其他同学或教师参观评价，收集反馈并进行调整。

3. 实训要求

（1）学生应认真参与实训活动，按照步骤进行实际操作与搭配。

（2）在实训过程中，注意保护室内织物、室内绿叶装饰及室内陈设品，避免损坏。

（3）实训结束后，清理现场，将物品归位。

室内软装设计空间分析

知识目标

1. 了解享受型、舒适型和经济型户型的室内软装空间特点。
2. 了解不同户型室内空间改造的要点。
3. 掌握流线设计的基本内涵。
4. 掌握空间分割与处理方法。

能力目标

1. 能够运用流线设计原则进行空间规划。
2. 能够运用空间分割与处理方法。

素养目标

1. 增强学生的空间感知和规划能力，使室内空间布局更加合理、高效。
2. 培养学生细致入微的观察能力，以便更好地把握室内空间的特点和需求。

模块导航

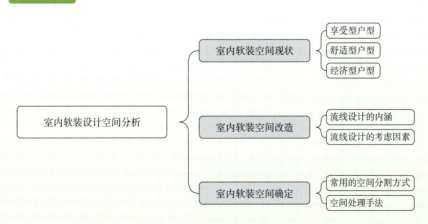

单元一 室内软装空间现状

◉ 单元认知

随着人们对精神生活的要求越来越高，空间功能需求被排在首位。根据空间功能需求，目前市场上的主流高层住宅户型主要可分为享受型、舒适型、经济型三大类。本单元对享受型、舒适型及经济型的主流高层住宅户型进行讲解。

◉ 单元学习

在开展设计工作之前，应该明确功能、房间与户型之间的关系。随着经济的发展，更多的商品房及各类公共建筑涌入人们的视野。每套商品房都是由各种不同功能的房间组成的，每种房间的开间、进深均有合理的尺寸，而每种房间尺寸合理是户型设计达到不同户型要求的基本保证。这就是三者之间的必然联系，缺一不可。

根据空间功能需求，目前市场上的主流高层住宅户型主要可分为享受型、舒适型、经济型三大类。

一、享受型户型

1. 户型特点

享受型户型通常面向追求高品质生活的高收入人群。这类户型的设计注重空间的宽敞性和豪华感，以及对细节的精致打磨。

（1）空间宽敞：享受型户型通常拥有更大的居住空间，包括宽敞的客厅、餐厅及卧室，为居住者提供充足的活动和休息空间。

（2）多功能区域：享受型户型往往包含多个功能区域，如独立的书房、娱乐室、健身房或 SPA 区域，以满足居住者的多样化生活需求。

（3）高端装修材料：享受型户型使用高品质装修材料，如高级大理石、高级木材等，力求在视觉和触感上给予居住者最佳体验。

（4）景观设计：享受型户型往往拥有良好的景观视野，如大面积的落地窗或阳台，让居住者能够享受自然美景。

2. 空间布局

享受型户型的空间布局通常以宽敞和奢华为特点，提供丰富的生活空间和高端的生活体验。这类户型往往拥有多个卧室，每个卧室都配备独立卫生间和衣帽间，确保居住者的私密性和舒适度。公共区域如客厅、餐厅和厨房通常采用开放式设计，以增强空间感和便利性。另外，享受型户型可能还包括书房、娱乐室等多功能空间，以及大面积阳台或露台，提供户外休闲和娱乐的场所（图 3-1）。

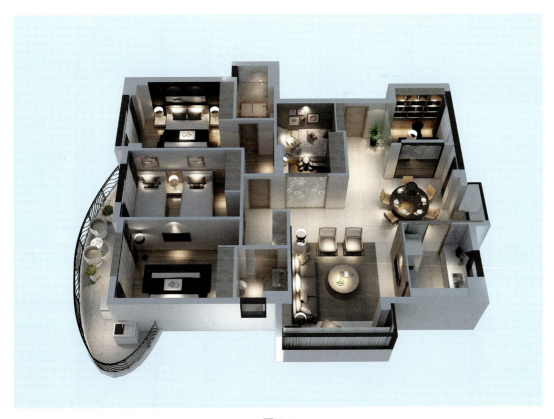

图 3-1

二、舒适型户型

1. 户型特点

舒适型户型适合中等收入家庭，其在保证居住舒适度的同时，注重空间的合理利用和性价比。

（1）合理布局：舒适型户型的空间布局合理，力求在有限的空间内提供最大的居住舒适度，避免空间浪费。

（2）功能分区：舒适型户型通常包含独立的起居区、餐饮区和休息区，每个区域都有明确的功能，使日常生活更加便捷。

（3）储物空间：舒适型户型会充分考虑储物需求，设计足够的壁柜和储物间，使居住环境整洁有序。

（4）节能环保：在装修和设计上，舒适型户型会采用节能环保的材料和技术，以降低居住成本，同时对环境友好。

2. 空间布局

舒适型户型的空间布局注重实用性和舒适性，旨在为居住者提供一个温馨而实用的家。这类户型的卧室和卫生间布局合理，确保居住的便捷性和私密性。公共区域如客厅和餐厅通常设计得既适合家庭活动又适合接待客人。舒适型户型的厨房通常靠近餐厅，以方便餐饮活动。另外，舒适型户型也会考虑储物空间的需求，设计足够的壁柜和储物间，以保持居住环境整洁（图 3-2）。

图 3-2

三、经济型户型

1. 户型特点

经济型户型主要面向预算有限的首次购房者或年轻家庭。这类户型的设计重点在于空间的高效利用和成本控制。

（1）紧凑布局：经济型户型的空间布局紧凑，通过巧妙设计最大化空间的使用效率，如采用开放式厨房和起居区结合的设计。

（2）简化功能分区：为了节省空间和成本，经济型户型可能会减少一些非必要的功能分区，但基本的生活需求仍然得到满足。

（3）共享空间：经济型户型可能设计一些共享空间，如公共阳台或洗衣房，以减少个人空间的占用，降低居住成本。

（4）简约装修：经济型户型在装修上追求简约实用，避免过多的装饰，以降低装修成本，同时保证居住的舒适度。

2. 空间布局

经济型户型的空间布局以高效利用空间和控制成本为核心，适合预算有限的购房者。这类户型的卧室通常设计得紧凑，但足以满足基本的居住需求。公共区域如客厅和餐厅可能采用一室多用的设计，以减少空间占用。厨房设计紧凑实用，通常配备必要的储物设施。经济型户型可能还会采用一些创新设计，如可折叠家具或墙壁隔断，以提高空间的灵活性和多功能性。整体而言，经济型户型追求在有限的空间和预算内提供舒适、便利的居住环境（图3-3）。

图 3-3

◉ 单元实训

1. 实训目标

（1）通过实训，学生能够掌握享受型、舒适型、经济型三种户型的基本特点与空间布局原则。

（2）通过实训，学生能够根据户型特点进行软装方案的初步设计。

（3）通过实训，学生能够提升空间感知能力、创新设计能力及团队协作能力。

2. 实训内容

（1）户型分析与选择。

1）学生分组，每组选择一种户型（享受型、舒适型或经济型）进行深入分析。

2）收集并分析所选户型的实际案例，了解其特点、空间布局及软装风格。

（2）空间布局模拟。

1）在教室内使用标识物（如绳子、纸板等）模拟所选户型的空间布局。

2）小组内讨论并确定空间划分与功能区域安排。

（3）软装方案设计。

1）根据空间布局，小组设计软装方案，包括家具选择、灯饰搭配、织物装饰等。

2）制作软装方案草图或手绘效果图，并标注所用材料的名称与特点。

（4）方案展示与讨论。

1）每组轮流展示软装方案，并解释设计思路与亮点。

2）其他小组进行提问与点评，促进交流与学习。

（5）教师评价与总结。

1）教师对每组的软装方案进行点评，指出其优点与不足。

2）总结本单元实训的收获与不足，提出改进建议。

3. 实训要求

（1）学生应积极参与小组讨论，充分发表个人意见。

（2）软装方案应符合所选户型的特点与空间布局原则。

（3）展示时应清晰表达设计思路，并接受其他小组的点评与建议。

单元二　室内软装空间改造

◉ 单元认知

流线设计，即根据人的行为方式将一定的空间组织起来，通过分割空间达到划分不同功能区域的目的。

◉ 单元学习

一、流线设计的内涵

室内软装空间改造中，流线设计是一个至关重要的环节。它涉及家务流线、家人流线和访客流线等多个方面，旨在通过合理规划空间动线，提高居住者的生活品质与舒适度。

（1）家务流线的设计是确保家居生活高效运转的关键。在室内软装空间改造过程中，应充分考虑家务活动的特点，如烹饪、清洁等，合理规划厨房、卫生间等区域的布局。通过优化储物空间、设置便捷的清洁工具存放区等，使家务活动更加轻松高效，以减轻居住者的负担。

（2）家人流线的设计应关注家庭成员之间的交流与互动。在规划居住空间时，应充分考虑家庭成员的生活习惯和需求，打造开放、通透的共享空间。通过合理的家具摆放和通道设置，促进家庭成员之间的交流与互动，增进彼此的感情。

（3）访客流线的设计则体现了对访客尊重和隐私保护的考虑。在室内软装空间改造过程中，应设置独立的访客接待区，确保访客的隐私不受干扰。同时，通过合理的空间布局和家具设置，营造温馨、舒适的接待氛围，使访客感受到宾至如归的温暖。

二、流线设计的考虑因素

每一个空间的组织，都要考虑主要流线方向的空间处理及次要流线方向的空间处理。在室内软装空间规划设计中，各种流线的组织是很重要的。流线组织的好坏直接影响各空间的使用质量。因此，在组织流线时，应考虑以下几个方面的因素。

（1）流线的导向性。流线的导向性是指不需要路标或导向牌，只需要通过空间语言就可以明确地传递路线信息。

（2）序列布局类型的选择。序列布局类型的选择是由空间的性质、规模和建筑环境等因素决定的。序列布局的形式一般有对称式、不对称式、规则式和自由式。

（3）序列中心的选择。在整体空间中，通常可以找出具有代表性的、能反映该空间性质特征和集中精华的主体空间，作为整个空间的"C位"。

交换空间1

交换空间2

交换空间3

◉ 单元实训 ···◉

1. 实训目标

通过实训，学生能够理解流线设计的内涵，掌握流线的导向性、序列布局类型的选择及序列中心的选择，并能独立完成简单的流线设计。

2. 实训内容

（1）理解流线设计。

1）复习流线设计的内涵与考虑因素。

2）分析不同流线类型（家务、家人、访客）的特点。

（2）选择室内空间并绘制草图。

1）选择一个实际室内空间（如教室一角）。

2）绘制空间平面草图，标注主要家具和设施。

（3）设计流线布局。

1）确定各流线（家务流线、家人流线、访客流线）的走向。

2）考虑流线导向性，设置合理通道。

3）选择合适的序列布局类型。

4）确定序列中心，并围绕其布置家具。

（4）绘制流线设计图。

1）使用绘图工具绘制详细的流线设计图。

2）标注流线走向、家具位置等关键信息。

3. 实训要求

（1）学生应独立完成设计，注重实践和创新。

（2）设计图应清晰、准确反映设计思路。

（3）注意实训安全，不损坏校内设施。

单元三 室内软装空间确定

单元认知

　　空间是由长度、宽度、高度、大小表现出来的，通常是指四方（方向）上下。空间是一个相对概念，构成了事物的抽象概念，事物的抽象概念是以空间为参照的。

单元学习

一、常用的空间分割方式

　　空间是由长度、宽度、高度、大小表现出来的，通常是指四方（方向）上下。空间是一个相对概念，构成了事物的抽象概念，事物的抽象概念是以空间为参照的。常用的空间分割方法主要包括以下几种。

　　（1）绝对分割法：是指利用承重墙或到顶的隔墙将室内空间划分为几个区域的分割方法。这种分割方法形成的分割空间有明确的界限，私密性和独立性较好。

　　（2）局部分割法：是指用片断的面，如屏风、较高的家具、不到顶的隔墙等来分割空间的方法。这种分割方法在分割效果、隔音效果、隐秘性上可能不如绝对分割法，但空间内的空气流动通畅，且在分割空间的同时不会占用较多的室内空间，不会大幅减小人在室内的活动面积。

　　（3）象征分割法：是指用低矮的家具、悬挂物等物品分割室内空间的分割方法。这种分割方法并不能清楚地划分室内空间，空间与空间之间没有特别明显的界限，更多的是起心理划分作用。

　　（4）弹性分割法：是指利用一些可折叠、可推拉、可升降的活动隔断体，如推拉门、窗帘等来分割室内空间的分割方法。这种分割方法灵活多变，可以根据需要随时调整空间布局。

二、空间处理手法

　　（1）借景。借景是指有意识地引入外部景物，以扩大空间视野（图3-4）。

　　（2）假借景。假借景是指通过视觉错觉，扩展空间的视觉范围（图3-5）。

图3-4

图 3-5

（3）凹凸。凹凸是指通过物体表面的起伏，强调空间的立体感（图 3-6）。

图 3-6

（4）错位。错位是指离开原有位置或状态，创造独特视觉效果（图 3-7）。

（5）高差。高差是指利用地面或顶面的高度变化，营造空间层次（图 3-8）。

图 3-7

图 3-8

（6）延伸。延伸是指在视觉、材料或界面上创造连续性和方向性（图 3-9）。

（7）通透。通透是指完全去除或部分去除界面，增强空间流动性（图 3-10）。

（8）透景。透景是指通过局部拆除界面，使空间更为灵动有趣（图 3-11）。

图 3-9

图 3-10

图 3-11

◉ 单元实训

1. 实训目标

通过实训，学生能够运用所学的空间分割方法和空间处理方法，对给定的室内空间进行规划和设计，以提高空间的实用性和美观性。

2. 实训内容

（1）选择实训空间。选择一个适宜的室内空间作为实训场地，可以是教室、活动室或校园内的其他空间。

（2）分析室内空间特点。观察并分析所选室内空间的结构、尺寸、采光等特点，确定其适用性和限制因素。

（3）确定功能需求。根据室内空间的实际用途和用户需求，确定所需的功能区域，如休息区、工作区、展示区等。

（4）应用空间分割方法。

1）根据功能需求，选择合适的空间分割方法（如绝对分割法、局部分割法、弹性分割法等）对室内空间进行划分。

2）利用家具、隔断、屏风等物品实现空间分割，注意保持空间的通透性和流动性。

（5）运用空间处理方法。

1）根据空间的特点和功能需求，运用借景、凹凸、错位、高差等空间处理方法，增强空间的层次感和视觉效果。

2）尝试利用色彩、材质、灯光等手段提升空间氛围和舒适度。

（6）设计实施与调整。

1）根据设计构思，对空间进行布置和装饰，注意保持整体风格的协调性和统一性。

2）在实施过程中，根据实际情况进行必要的调整和优化，确保设计的实用性和美观性。

（7）成果展示与讨论。

1）每位学生展示自己的实训成果，包括空间分割和处理方法的应用、设计思路和实现过程等。

2）班级内进行讨论，互相评价设计的优点及缺点，提出改进意见。

3. 实训要求

（1）学生应独立思考并完成实训内容，注重创新和实践能力的培养。

（2）在实训过程中，注意保护实训场地的设施和环境卫生。

（3）实训成果应体现空间分割与处理方法的应用效果，具有实用性和美观性。

模块四 | 室内软装设计制作

知识目标

1. 了解手绘设计的基本要素和技巧。
2. 熟悉常用室内软装设计软件的功能特点。
3. 掌握软装方案设计的内容。
4. 掌握软装方案的展示技巧。

能力目标

1. 能够根据客户需求和室内空间特点,独立完成室内软装方案的设计构思与创意生成。
2. 能够清晰、直观地展示设计成果,提升沟通效率。

素养目标

1. 培养学生严谨的工作态度和细致的工作习惯,注重细节处理,确保设计方案的准确性和可行性。
2. 提升学生分析问题、解决问题的能力,能够在遇到困难和挑战时冷静分析、迅速应对,推动项目顺利进行。

模块导航

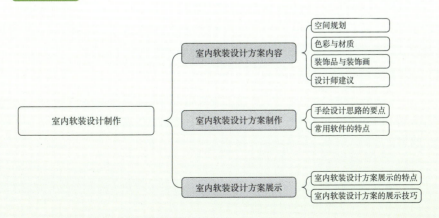

单元一　室内软装设计方案内容

◉ 单元认知

室内软装设计方案内容包括项目概述、空间规划、色彩与材质、家具配置、布艺与窗帘、照明设计、装饰品与装饰画、花艺与绿化、预算与采购、实施计划、设计师建议、附录。

◉ 单元学习

室内软装设计方案的重要性在于其作为正式、专业的交流媒介，能够全面、准确地传达设计师的意图和理念，为客户和施工方提供直观、实用的参考工具，在确保施工质量和进度符合设计要求的同时，提升项目的整体形象和价值。下面对室内软装设计方案内容中的空间规划、色彩与材质、饰品与装饰画、设计师建议这几个方面进行重点讲解。

一、空间规划

空间规划是室内软装设计中至关重要的环节。它涉及对室内空间的合理布局和划分，旨在优化室内空间的使用效率，提升居住者的生活品质。通过空间规划，可以根据居住者的需求和喜好，将室内空间划分为不同的功能区域，如休息区、工作区、娱乐区等，以确保每个区域都能满足特定的功能需求。同时，空间规划还需要考虑动线的流畅性和空间的通透性，使居住者在室内空间中能够自由移动，享受到舒适和便捷的生活体验。因此，精心设计的空间规划是打造理想室内空间的关键一步。

二、色彩与材质

1. 色彩定位

在一套室内软装设计方案中，色彩具有无可比拟的重要性，同样的摆设手法，会因为色彩的改变而气质完全不同。室内软装色彩应遵循所有设计的色彩原理，一个空间要有一个主色调、一个或两个辅助色调，再搭配几个对比色或邻近色。在室内软装设计中，设计主题确定之后，就要考虑室内空间的主色调，应运用色彩带给人的不同心理感受进行规划。

2. 材质定位

优秀的室内软装设计师要非常了解室内软装所涉及的各种材质，不但要熟悉每种材质的优劣，还要掌握如何通过不同材质的组合来搭配合适风格的室内空间。例如，要打造一个清爽的地中海风格室内空间，家具应尽量选择开放漆，木料应尽量选择橡木或胡桃木，布料尽量选择棉麻制品，灯饰应尽量选择铁艺制品，这样搭配的空间会把舒适、休闲、清新的地中海风格表达得淋漓尽致。

每一种材质都有其独有的气质，一定要通盘思考整个室内空间的设计要素，硬装的材质也要考虑在内。表 4-1 所示为常用材质的气质，供读者参考。

表 4-1　常用材质的气质

材质	气质
木材	自然、贵气、舒适、高档
棉	有亲和力，舒适度非常高
麻	自然，透气性强
丝绸	细腻、柔滑
玻璃	通透、清澈
水晶	晶莹剔透，有品质感
不锈钢	时尚、冷酷
黑檀	具有纹理美和高档感
陶器	自然、质朴
瓷器	华贵、雅致
铜	富贵

三、装饰品与装饰画

装饰品与装饰画在室内软装设计中扮演着不可或缺的角色。它们既能点缀空间，增添美感，又能体现客户的品位与个性。装饰品的选择应考虑其材质、造型和色彩，与整体设计风格协调，营造出和谐统一的氛围。装饰画则能通过其独特的画面内容和艺术风格，为室内空间增添文化气息和艺术感。在摆放上，装饰品与装饰画应根据室内空间大小和布局进行精心安排，以突出其装饰效果，避免过于拥挤或单调。通过巧妙的搭配与布置，装饰品与装饰画能为室内空间带来无限的生机与活力。

四、设计师建议

设计师建议不仅体现了设计师的专业素养和经验积累，更是对客户个性化需求的深入理解和精准把握。设计师会从空间布局、色彩搭配、材质选择等多个方面提出专业意见，旨在创造出既美观又实用的室内空间环境。同时，设计师还会根据客户的生活习惯和审美偏好，提供个性化的饰品和装饰画选择建议，让室内空间更具个性化和温馨感。因此，客户在室内软装设计过程中应充分重视并采纳设计师的建议，以实现最佳的设计效果。

◎ 单元实训

1. 实训目标

（1）学生能够理解室内软装设计的概念及其在室内设计中的重要性。

（2）培养学生掌握室内软装设计的基本流程和技巧。

（3）提高学生空间规划、色彩搭配和材质选择的能力。

2. 实训内容

（1）案例分析。展示并分析优秀室内软装设计案例，让学生了解不同风格和主题的室内软装设计思路及实践效果。

（2）方案设计。学生分组进行实际室内空间（如教室、宿舍、活动室等）的室内软装设计。每组需完成以下任务。

1）对室内空间进行实地测量和观察，记录室内空间结构、功能需求和客户偏好。

2）制订室内空间规划方案，包括功能分区和动线设计。

3）选择适合的色彩搭配和材质，营造整体氛围。

4）挑选家具、布艺、灯具、装饰品等软装物品，并进行布置。

5）设计并制作装饰画或手绘墙绘，提升室内空间艺术感。

（3）方案展示与评价。每组学生将设计方案以 PPT 或手绘的形式进行展示，并接受其他同学和教师的评价与建议。

3. 实训要求

（1）学生应积极参与实训活动，认真完成各项任务。

（2）在方案设计中，应注重实用性和美观性的平衡，考虑室内空间的功能性和客户的个性化需求。

（3）学生应具备一定的创新思维和审美能力，能够独立思考并解决问题。

（4）展示时应表达清晰、条理分明，能够准确传达设计理念和方案特点。

单元二　室内软装设计方案制作

◉ 单元认知 ··◎

室内软装设计方案制作前期常用手绘来表达设计思路，初步完成设计构思后运用 AutoCAD、3ds Max、Photoshop、酷家乐、美间等软件完成室内软装设计方案制作。

◉ 单元学习 ··◎

一、手绘设计思路的要点

室内手绘效果图

（1）明确设计主题与风格。设计师需要明确设计的主题与风格，可以通过手绘初步勾勒出整体的空间氛围和感觉。手绘的灵活性使设计师能够迅速尝试不同的风格元素，找到最适合的设计方向。

（2）注重空间布局与流线。手绘能够直观地展示空间的布局和动线规划。设计师可以通过手绘来探索不同的室内空间划分方式，优化家具摆放和人流路径，确保室内空间的功能性和舒适性。

（3）强调色彩与材质搭配。色彩和材质是室内软装设计中至关重要的元素。手绘可以帮助设计师尝试不同的色彩组合和材质搭配，通过对比与调和，营造出符合设计主题的氛围。

（4）突出细节与特色。手绘能够精确地描绘出设计中的细节和特色，如灯具的样式、窗帘的纹理、饰品的摆放等。这些细节的处理能够提升设计的品质和个性，使室内空间更加生动和有趣。

（5）注重手绘技巧与表现力。手绘设计不仅要求设计师具备创意和构思能力，还需要掌握一定的手绘技巧和表现力。通过练习和实践，设计师可以提高手绘的准确性和美观度，将自己的设计思路更加清晰地呈现出来。

（6）及时与客户沟通反馈：手绘作为一种直观的沟通工具，能够帮助设计师及时获取客户的反馈和建议。设计师可以根据客户的意见进行调整和优化，确保设计方案能够满足客户的需求和期望。

二、常用软件的特点

室内软装设计软件多种多样，它们各自具有独特的功能和优势，设计师可以根据具体需求和偏好选择适合自己的软件。以下是一些常见的室内软装设计软件。

（1）AutoCAD：主要用于绘制 CAD 施工图、立面图、节点图、大样图等。设计师可以重点查看 CAD 图中的立面表现图，了解空间结构、施工方法、施工材料及各种尺寸。

（2）3ds Max：用于制作家装效果图，通过导入 CAD 平面图的具体尺寸建立对应的三维模型。在参数调节精细的情况下，可以制作出媲美照片的效果。

（3）Photoshop（PS）：在室内设计领域，Photoshop 主要用于效果图的后期润色处理，包括图像的光影、明暗、色调、光线等处理，尤其在彩平图等的制作中发挥着重要作用。

（4）酷家乐：这款软件对于刚接触室内软装设计的设计师来说非常友好，上手快，呈现效果好，而且有很多素材和案例可供参考。

（5）美间：主要面向 2D 设计，可以为设计师提供丰富的素材和设计灵感。

◉ 单元实训 ∙∙ ◎

1. 实训目标

（1）学生掌握软装方案制作的基本流程，包括手绘构思和软件设计两个阶段。

（2）培养学生的创意思维和手绘能力，能够用手绘表达设计思路。

（3）提高学生的软件操作水平，能够使用专业软件制作室内软装设计方案效果图。

2. 实训内容

（1）手绘构思阶段。

1）学生分组，每组选择一个实际室内空间，如教室、宿舍、活动室等，作为设计对象。

2）学生与组内成员讨论，明确设计需求和主题，形成初步的设计思路。

3）学生使用手绘工具，如铅笔、马克笔、水彩等进行草图构思，包括空间布局、家具摆放、色彩搭配等。

4）每位学生在组内分享自己的手绘草图，并接受其他同学和教师的点评与建议。

（2）软件设计阶段。

1）学生根据手绘草图，在软件（如 AutoCAD、3ds Max、Photoshop 等）中建立三维模型，调整模型位置和比例。

2）学生为模型应用材质和贴图，调整光照和阴影效果，使场景更加真实。

3）学生使用软件的渲染功能生成效果图，并进行后期处理，如色彩调整、文字添加等。

3. 实训要求

（1）学生应认真参与实训活动，按照实训步骤和要求完成实训任务。

（2）在手绘构思阶段，学生应注重创意和构思的表达能力，手绘草图应清晰、准确。

（3）在软件设计阶段，学生应熟练掌握软件操作技巧，制作出高质量的效果图。

单元三　室内软装设计方案展示

◎ 单元认知

本单元深入探讨室内软装设计方案展示的相关内容，包括室内软装设计方案展示的特点和技巧等。通过本单元的学习，学生可以对室内软装设计方案展示有更加全面和深刻的理解。

◎ 单元学习

一、室内软装设计方案展示的特点

（1）直观性和形象性。通过实际效果图的展示，客户可以直观地感受到室内软装设计的空间效果，包括色彩搭配、材质选择、家具布局等，从而更好地理解设计师的设计意图和方案特点。这种直观性有助于客户更准确地把握室内空间氛围和风格，从而做出更加明智的决策。

（2）个性化和定制化。每个室内软装设计方案都是根据客户的具体需求和室内空间特点进行规划的。因此，展示时需要突出方案的个性化和定制化特点。通过展示不同风格、不同材质的软装产品，以及针对特定室内空间的定制解决方案，可以充分展现设计师的创意和专业能力，满足客户的个性化需求。

（3）整体性和协调性。室内软装设计不仅是进行单个产品的选择，更是对整个室内空间环境的综合考虑。因此，在展示室内软装设计方案时，需要注重室内空间的整体布局和风格统一，确保各个元素之间的协调性和互补性。这样可以使整个室内空间呈现和谐、统一的美感，提升居住体验。

（4）互动性和参与性。在展示过程中，设计师可以与客户进行深入的交流和讨论，了解客户的反馈和意见，以便对方案进行进一步的优化和调整。同时，客户也可以参与到方案的设计过程中，提出自己的需求和想法，与设计师共同打造出更符合自己心意的居住空间。这种互动性和参与性有助于增强客户对方案的认同感，提高客户对方案的满意度。

二、室内软装设计方案的展示技巧

室内软装设计方案的展示技巧对于有效地传达设计理念和提升客户体验至关重要。以下是一些关键的展示技巧。

（1）故事化叙述。将室内软装设计方案以故事的形式呈现，通过叙述空间的功能、风格、色彩、材质等元素的由来和选择依据，客户能够更深入地理解设计背后的逻辑和情感。这种展示方式能够增强方案的吸引力和说服力。

（2）使用高质量效果图和实物样品。通过专业的设计软件制作高质量的效果图，展示室内软装设计方案的整体效果和细节。同时，提供实物样品，如面料、饰品、家具等，使客户能够亲身感受材质和工艺，增强对方案的信任感。

（3）突出亮点和创新点。在展示过程中，重点强调方案的亮点和创新点，如独特的设计风格、个性化的定制元素、智能化的家居设备等。这些亮点能够吸引客户的注意力，提升方案的竞争力。

（4）利用多媒体手段。结合视频、音频等多媒体手段，展示室内软装设计方案在实际空间中的动态效果和氛围。这种展示方式能够让客户更直观地感受方案的魅力，增强购买意愿。

（5）强调实用性和舒适度。在展示室内软装设计方案时，注重强调其实用性和舒适度。通过展示家具的收纳功能、灯光的照明效果、软装的触感等，客户能够感受到方案在实际使用中的便利和舒适。

（6）提供个性化定制方案。针对客户的需求和喜好，提供个性化的定制方案。在展示过程中，详细介绍定制流程和服务，让客户了解定制的优势和可能性。

（7）与客户保持互动。在展示过程中，积极与客户保持互动，回答客户的问题，解释设计细节。同时，邀请客户提出意见和建议，以便进一步完善方案。

单元实训

1. 实训目标

本次实训旨在使学生掌握室内软装设计方案展示的核心技巧和方法，能够清晰、生动地展示室内软装设计方案，提升沟通和表达能力。通过实训，学生能够加深对室内软装设计的理解，提高室内软装设计方案的实际应用能力。

2. 实训内容

（1）室内软装设计方案整理与优化。

1）学生需要从已有的室内软装设计方案中挑选一个，进行内容的整理和优化。

2）整理方案内容，包括设计说明、空间布局、家具选择、色彩搭配、材质运用等。

3）对方案进行优化，确保方案的逻辑性和完整性，突出方案的亮点和特色。

（2）制作展示素材。

1）学生根据优化后的室内软装设计方案，制作相应的展示素材，如效果图、实物样品、设计草图等。

2）展示素材应清晰、美观，能够准确反映方案的设计意图和实际效果。

（3）编写展示脚本。

1）学生需要为室内软装设计方案编写一份详细的展示脚本，包括开场白、方案介绍、亮点展示、互动环节等。

2）展示脚本应简洁明了、语言流畅，能够引导观众跟随自己的节奏了解方案。

（4）室内软装设计方案展示演练。

1）学生需要按照展示脚本进行多次演练，熟悉展示流程和语言表达。

2）在演练过程中，注意调整语速、语气和肢体语言，使展示更加生动、自然。

3. 实训要求

（1）学生应认真对待实训任务，按照实训内容和要求完成各项工作。

（2）在室内软装设计方案的整理和优化过程中，应注重方案的逻辑性和完整性，突出方案的个性和创意。

（3）制作展示素材时，应注重展示素材的质量和美观度，确保其能够准确反映设计意图。

（4）编写展示脚本时，应注重语言的简洁性和流畅性，使观众能够轻松理解方案内容。

模块五 室内软装设计摆场

知识目标

1. 了解室内软装布置摆场的注意事项。

2. 了解室内陈设品的视觉因素。

3. 熟悉形式美构图原则。

4. 掌握室内软装美学布置的基本原则。

能力目标

1. 能够完成不同空间类型的室内软装布置摆场。

2. 能够运用视觉因素进行室内陈设品布置。

3. 能够遵循形式美构图原则进行空间布局。

素养目标

1. 培养学生良好的审美素养,使学生形成独特的设计风格和审美观念。

2. 增强学生的创新思维能力,使学生能够提出新颖的设计方案,解决实际问题。

3. 提升学生的团队协作能力,让学生共同完成任务,培养良好的团队合作精神和沟通能力。

模块导航

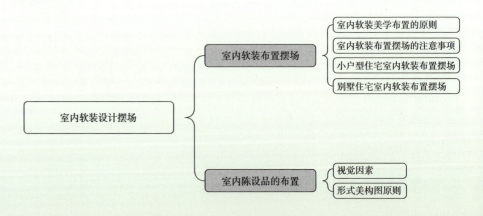

单元一　室内软装布置摆场

◎ 单元认知

　　室内软装在现代人的生活中占据越来越重要的地位。作为室内软装设计师，让客户对自己的设计从"需要"到"真的需要"，再到"不得不要"，需要掌握室内软装美学布置的相关技巧。室内软装美学布置具体来说就是室内软装设计的最后一步——摆场。

唯美摆场体验，软装设计师设计还原能力训练

◎ 单元学习

一、室内软装美学布置的原则

　　（1）色彩搭配。选择相互协调或对比鲜明的颜色，以营造特定的氛围和视觉效果。可以采用色彩搭配理论，如三原色、互补色等。

　　（2）比例和尺度。确保家具、装饰品和空间之间的比例与尺度协调，避免某些物品显得过大或过小，以保持整体的平衡感。

　　（3）功能性布局。根据空间用途和实际需求合理布置家具及装饰品，使空间更具实用性和舒适性。

　　（4）层次感。合理摆放家具和装饰品，创造不同层次的视觉效果，使空间更富有深度和立体感。

　　（5）材质和质地。结合不同的材质和质地，如木材、金属、玻璃、织物等，营造丰富的触感和视觉效果。

　　（6）自然元素。引入自然元素，如植物、石头、水等，以增加空间的生机和自然感。

　　（7）光线利用。合理利用自然光和人工光源，调整光线的亮度和色温，使空间更加明亮、舒适。

　　（8）个性化设计。根据居住者的喜好和个性特点，加入个性化的装饰品和设计元素，营造独特的空间氛围。

　　（9）简约与繁复的平衡。在装饰品和布置上保持简约和繁复的平衡，避免空间显得过于拥挤或单调乏味。

　　（10）流线设计。在布置中考虑流线设计，使空间更加流畅和舒适，避免过多的尖角和突兀的结构。

　　（11）文化和历史元素。结合当地文化和历史背景，选择具有地域特色的装饰品和设计元素，体现独特的文化魅力。

　　（12）环保和可持续性。选择环保材料和可持续设计方案，减少对环境的影响，构造健康和可持续发展的生活空间。

二、室内软装布置摆场的注意事项

（1）遵循"整体—局部—整体"的原则。

（2）不要打乱装饰品的系列搭配。

（3）讲求构图的完整性。

（4）有主次感、层次感、韵律感，并且要有内在联系。注意装饰品的高低、大小、长短，装饰品应组成一个不等边三角形，这样显得稳定而有变化。

（5）装饰品的摆放不影响软装产品结构，不掩盖软装产品的亮点。

（6）卖场软装摆场需要注意结合场地以大面积分割，小面积点缀，摆活角落，以小件或单件放置，或以床品、沙发部件为主。

三、小户型住宅室内软装布置摆场

小户型是指一居室室内空间面积为 30 ～ 40 m²，二居室室内空间面为 80 m² 左右，三居室室内空间面为 80 ～ 100 m² 的住宅。要求设计合理、功能齐全、注重实用性。小户型住宅一般装修经费有限，需要结合客户需求，使室内软装设计兼具功能性。

因为小户型住宅室内空间面积较小，其室内软装布置摆场坚持"小空间满而不挤"的原则，如图 5-1 所示。小户型住宅室内软装设计中小而精的物品较多，但是体量不大，减弱了室内空间的局促感。

图 5-1

设计师在设计时一定要善于利用光线，巧妙地运用自然光线和人工光线。图 5-2 所展示的就是自然光线运用的典范，其借助落地窗及自然光线来营造舒适、温馨的室内空间氛围。

人工光线起到局部点缀和气氛灯的作用。室内空间的色彩、材质、造型都受到光线条件的制约。例如，图 5-3 中暖光源的床头灯结合室内中式风格家具及棕灰色调点缀空间。也可以利用隔断来拓展空间，采用干净明亮的壁纸、装饰画、摆件、植物盆栽等小部件作为点缀。小空间的布光应该有主有次，主灯以造型简洁的吸顶灯为主，辅之以台灯、壁灯、射灯等。

图 5-2　　　　　　　　　　　　　　　图 5-3

进行小户型住宅室内软装布置摆场时，设计师可以结合以下四点进行设计。

（1）宜选用简单的陈设性装饰品，陈设性装饰品元素应以不妨碍功能性为前提。

（2）色彩宜淡不宜浓，宜选用简单、清爽、淡雅的墙面色彩。

（3）局部增加鲜艳、强烈的色彩以增添活力、趣味性及层次感。

（4）严选家具尺寸，以及组合式的沙发形式，整体营造低调、优雅的生活氛围，可以采用原木家具、趣味座墩、竹编石器等。

四、别墅住宅室内软装布置摆场

别墅住宅空间的特征是面积大，一般室内空间面积在 300 m² 及 300 m² 以上，其室内软装布置摆场注重室内空间的舒适美观。独立别墅的庭院景观有助于室内空间环境的营造，体现客户的品位。一般来说，别墅住宅客户的设计经费充足，对室内软装设计的要求较高。

别墅住宅室内软装布置摆场与小户型住宅稍有不同，更注重营造格调高雅、造型优美、有内涵的室内空间环境。在进行室内软装设计时，应注重实用性和观赏性的结合，将各个部分有机整合，形成一个统一的整体。室内软装搭配选择必须结合客户的生活习惯、兴趣爱好、经济实力等，着重考虑怎样布置家具才能满足客户对各种活动的需求，还包括室内空间组合和特定氛围的营造（图 5-4～图 5-7）。

别墅住宅室内软装布置摆场的要点如下。

（1）分割空间。可将大区域分割成小空间，作为休闲区或其他功能区。

（2）注重角落的布置。角落的布置很重要，如在客厅一角可以放置休闲单椅、落地灯、小桌子，以充实室内空间。

（3）善于利用家具元素。如方形的茶几可显得室内空间整洁有序；圆形的茶几看上去清爽、圆润，可柔化家具的硬线条，也可将特殊造型的户型区域加以利用，打造别致的餐厅。

（4）大空间坚持"大而不空"。如果别墅住宅室内软装设计不到位，则容易出现室内空间浪费的情况。光线也是室内软装设计中不可缺少的元素，可以表达情感和性格。

图 5-4

图 5-5

图 5-6

图 5-7

◉ 单元实训 ···◎

1. 实训目标

通过实训，学生能够掌握室内软装布置摆场的基本原则和技巧，能够针对不同户型空间进行室内软装设计和布置，提高实际操作能力和审美水平。

2. 实训内容

（1）理论回顾。

1）回顾室内软装美学布置的原则。

2）复习室内软装布置摆场的注意事项。

3）分析小户型住宅与别墅住宅室内软装布置的特点与差异。

（2）案例分析。

1）展示不同户型住宅的室内软装布置案例，包括小户型住宅和别墅住宅。

2）分析案例中软装元素的搭配、色彩运用、空间利用等方面的优点和不足。

（3）现场实操。

1）选择教室或校园内合适的室内空间作为实训场地。

2）学生分组，每组选择一个小户型住宅或别墅住宅空间的模拟场景。

3）根据所学知识和案例分析，进行室内软装布置摆场设计。

4）在实际操作中注意色彩搭配、空间利用、家具摆放、饰品点缀等方面的细节处理。

（4）成果展示与点评。

1）每组完成布置后，进行成果展示。

2）其他组同学进行评价及讨论。

3）教师进行点评和总结，指出优点和不足，提出改进建议。

3. 实训要求

（1）学生应提前复习相关理论知识，了解不同户型住宅的室内软装布置特点。

（2）在实际操作中要注意安全，避免损坏实训场地内的设施和物品。

（3）学生应积极参与讨论和评价，相互学习，共同进步。

（4）实训结束后，学生需整理实训场地，保持环境整洁。

单元二　室内陈设品的布置

◉ 单元认知 ··· ◉

室内陈设品的布置是室内软装设计的关键，通常需要从视觉因素和形式美构图原则两方面考虑。

◉ 单元学习 ··· ◉

一、视觉因素

了解和掌握陈设品的视觉问题是搞好陈设品布置的先决条件。陈设品的视觉问题主要有陈设品的视觉感知和观赏者的视觉规律两部分内容。

1. 陈设品的视觉感知

（1）形状较为奇特或新颖的陈设品。形状较为奇特或新颖的陈设品往往以其独特的形态吸引人们的目光。它们可能具有不规则的形状，或者采用了创新的设计元素，打破了传统的审美观念。这种新颖性能够带来强烈的视觉冲击，使室内空间更加生动和有趣（图5-8）。

（2）具有动感的陈设品。具有动感的陈设品通常具有动态的视觉效果，如流线型的线条、旋转的元素或动态的图案。它们能够给室内空间带来活力和动感，使人在其中感受到一种动态的平衡和节奏。这种陈设品常用于现代或前卫的室内软装设计中，以营造一种充满活力和创意的氛围（图5-9）。

图 5-8

图 5-9

　　（3）肌理明显或肌理对比明显的陈设品。肌理是指物体表面的纹理和质感。具有明显肌理的陈设品能够带来丰富的触觉和视觉体验。这些陈设品可能采用粗糙、光滑、凹凸等不同的材质，或者通过对比不同材质的肌理来增强视觉效果。它们能够增加室内空间的层次感和立体感，使人感受到材质的多样性和质感的变化（图 5-10）。

　　（4）色彩鲜明的陈设品。色彩是视觉感知中最重要的因素之一。色彩鲜明的陈设品能够迅速吸引人们的注意力，为室内空间带来活力和亮点。这些陈设品采用高饱和度的颜色或对比强烈的色彩搭配，以突出其存在感和装饰效果。它们能够改变室内空间的氛围和情绪，使室内空间更加生动有趣（图 5-11）。

图 5-10

图 5-11

（5）光照强烈的陈设品。光照是营造室内空间氛围和突出陈设品的重要手段。光照强烈的陈设品可以通过内置的灯光或反射材料来增强视觉效果。它们能够在室内空间中形成亮点或焦点，吸引人们的目光并营造一种独特的氛围。同时，强烈的光照也能够突出陈设品的质感和形态，增强其视觉冲击力（图 5-12）。

图 5-12

（6）室内空间中的陈设品。室内空间中的陈设品是室内软装设计中不可或缺的元素。它们包括家具、装饰品、艺术品等各种类型。这些陈设品不仅具有实用功能，还能够提升室内空间的美感和舒适度。它们的选择和布置需要根据室内空间的风格、功能和需求来进行，以创造出符合人们审美和需求的室内空间环境（图 5-13）。

图 5-13

2. 观赏者的视觉规律

要布置好陈设品，还应了解人们在观赏陈设品时的视觉规律。

人们在感知物象时，既受到视域的限制，又受到意识的控制，不仅视点、视距影响着视觉感知，思维的意识状态也影响着视觉感知。

通常视觉有两种工作状态：一是视觉扫描，即视线在物象表面无意识地掠动；二是视觉凝视，即视线在物象上有意识地较长时间地停留。

（1）视觉扫描。一般来说，人的视觉扫描规律是先正面后侧面、先近处后远处、先平视位置后上下位置。在室内陈设品布置中，陈设品的视觉感知度一般按视觉先后顺序设计，尤其是正对人的视线的陈设品，更要注意其效果和艺术品位，以使室内视觉环境给人良好的、深刻的第一印象，如图 5-14 所示。

（2）视觉凝视。当人们的视线进行无意识视觉扫描后，目光会停留在最吸引人的物体上，在这种情况下，人们的视线不一定停留在首先扫描到的物体上。视觉凝视多出现在主体景观上，因此陈设品要精细设计，注意细节，如图 5-15 所示。

图 5-14

图 5-15

二、形式美构图原则

陈设品布置应遵循形式美中有关构图的基本原则，即对称与均衡、比例与尺度、重复与韵律、变化与统一。

1. 对称与均衡

对称与均衡是陈设品布置中常用的构图手法。对称是指将陈设品按照中心轴线进行左右或上下对称布置，这种布置方式能够营造出稳定、庄重的感觉。均衡强调通过调整陈设品的位置、大小和色彩等因素，使室内空间在视觉上达到平衡状态。均衡的布置方式更加灵活多变，能够创造出丰富多样的视觉效果（图 5-16）。

图 5-16

2. 比例与尺度

比例与尺度是陈设品布置中需要考虑的重要因素。比例是指陈设品之间的大小关系，而尺度则是指陈设品与空间整体的关系。在布置陈设品时，需要根据空间的大小和风格来选择合适的尺寸与比例，以确保陈设品与空间的整体协调性。同时，需要注意不同陈设品之间的比例关系，避免过大或过小的陈设品破坏整体的美感（图 5-17）。

图 5-17

3. 重复与韵律

重复与韵律是陈设品布置中常用的美学手法。重复是指通过多次使用相同的陈设品或设计元素来强化视觉效果，营造统一和整体的氛围。韵律是指通过陈设品的有序排列和组合，形成具有节奏感和美感的视觉效果。在布置陈设品时，运用重复与韵律的美学手法，可以使空间更加和谐、有序和富有美感（图5-18）。

图 5-18

4. 变化与统一

变化与统一是陈设品布置中需要把握的关键点。统一是指将不同风格的陈设品通过某种方式协调地组合在一起，形成整体统一的视觉效果。变化是指在统一的基础上引入不同的元素和风格，使室内空间更加丰富多彩和有趣。在布置陈设品时，需要在统一中求变化，在变化中保持统一，以创造既和谐又富有层次感的室内空间环境（图5-19）。

图 5-19

⊙ 单元实训 ··· ◉

1. 实训目标

通过实训，学生能够掌握室内陈设品布置的视觉因素和形式美构图原则，理解观赏者的视觉规律，并能够运用所学知识进行简单的陈设品布置实践，提升实际操作能力和审美水平。

2. 实训内容

（1）视觉因素与观赏者视觉规律分析。

1）学生分组观察并分析教室或校园内现有的室内陈设品布置，记录陈设品的视觉感知特点（如形状、色彩、动感等）及它们吸引观赏者目光的方式。

2）分析观赏者的视觉规律，如视线流动的方向、注意力集中的区域等，并思考这些规律如何影响室内陈设品布置。

（2）形式美构图原则应用实践。

1）每组选择一个小型室内空间（如教室的角落、窗台等），根据形式美构图原则进行室内陈设品布置设计。

2）应用对称与均衡、比例与尺度、重复与韵律、变化与统一等原则，创造出既美观又符合视觉规律的室内陈设品布置方案。

3. 实训要求

（1）学生应认真参与讨论和实践，积极思考并提出自己的见解。

（2）在实践操作中要注意安全，避免损坏陈设品或室内空间设施。

（3）保持实训场地整洁和卫生。

模块六 | 各类室内软装设计

知识目标

1. 了解家具、织物、照明、绿植等设计要素在家居空间中的应用与搭配。

2. 了解商业空间软装设计的类型和功能。

3. 了解餐饮空间软装设计的基本原则。

4. 熟悉室内软装设计行业的发展趋势和最新设计理念。

5. 熟悉商业空间软装设计的原则。

6. 掌握家居空间软装设计的基本理念和原则。

能力目标

1. 能够根据家居空间的功能需求和审美要求，独立完成家居空间软装设计方案，包括家具布置、织物选择、照明设计等方面。

2. 能够根据商业空间的类型和特点，制订合适的商业空间软装设计方案，提升商业空间的品牌形象和顾客体验。

3. 能够根据餐饮空间的定位和风格，进行餐饮空间软装设计，营造舒适、有特色的就餐环境。

素养目标

1. 培养学生良好的审美素养和创意思维能力，使学生能够创作出独特、有艺术感染力的室内软装设计方案。

2. 树立学生以客户为中心的服务理念，关注客户需求和体验，提供贴心、专业的室内软装设计服务。

3. 培养学生的团队合作精神和沟通能力，使学生能够与团队成员和客户有效沟通，共同完成室内软装设计项目。

4. 引导学生养成持续学习、不断创新的习惯，关注行业动态和技术发展，不断提升自己的专业素养和综合能力。

模块导航

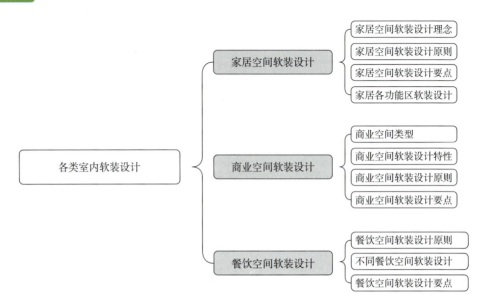

单元一　家居空间软装设计

◉ 单元认知

　　家是人们的心灵港湾，兼具休息、养生、工作、学习、会客交友等作用。随着时代的发展和人们生活水平的不断提高，人们对家居装饰效果的要求越来越高，开始重视居室的整体档次、格调、意境等。

◉ 单元学习

一、家居空间软装设计理念

　　家居空间软装设计旨在通过精心策划和细致布置，将居住者的生活理念、情感需求与审美偏好融入空间的每一处细节，打造既舒适实用又充满个性与情感共鸣的家居环境。

　　（1）家居空间软装设计强调以人为本。家居空间软装设计不是简单的装饰堆砌，而是要根据居住者的生活习惯、功能需求和审美偏好，量身定制符合其个性化需求的家居空间。设计师要深入了解居住者的生活方式和喜好，从家具的选型、织物的搭配、照明的设置到饰品的点缀，都要以居住者的舒适度和满意度为出发点，让空间真正服务于居住者的生活。

　　（2）家居空间软装设计注重情感共鸣。家居空间是居住者情感的寄托和表达，家居空间软装设计应能够触动居住者的内心，唤起其情感共鸣。通过色彩、材质、造型等元素的巧妙运用，营造温馨、浪漫、宁静等不同的情感氛围，让居住者可以感受到家的温暖和幸福。

　　（3）家居空间软装设计追求艺术美感。家居空间软装设计是一门艺术，它要求设计师具备敏锐的审美眼光和丰富的创意灵感。通过家具的摆放、织物的选择、照明的设计及绿植、饰品等元素的点缀，打造出层次丰富、和谐统一的视觉效果，使居住者可以在其中感受到艺术的魅力。

（4）家居空间软装设计强调环保与可持续性。在追求美观和舒适的同时，家居空间软装设计也要关注环保和可持续性。选择环保材料、节能灯具等绿色产品，减少对环境的影响；同时，注重家居空间的合理利用和资源的有效节约，实现家居空间的可持续发展。

二、家居空间软装设计原则

1. 实用与美观并重

家居空间是居住者日常生活的主要场所，因此，家居空间软装设计首先要满足实用性的需求。家具的布局、织物的选择、照明的设计等都应考虑到居住者的生活习惯和舒适度。同时，美观性也不可忽视，通过色彩、材质、风格等元素的搭配，营造温馨、舒适、和谐的家居环境氛围。

2. 风格统一与个性化相结合

家居空间软装设计应体现整体风格的统一，避免过于杂乱无章。在此基础上，可以根据居住者的喜好和需求，加入个性化的元素，使家居空间更具特色和辨识度。

3. 灵活性与可持续性

家居空间软装设计应具有一定的灵活性，以适应居住者生活方式的变化。同时，考虑到环保和可持续性，应选择环保材料，减少资源浪费，实现绿色家居。

三、家居空间软装设计要点

家居空间软装设计要点涵盖了多个方面，每个方面都有其独特的考虑因素和设计原则。以下是对家居设计要点、织物设计要点、照明设计要点、绿植设计要点及其他设计要点的详细阐述。

1. 家居设计要点

家居设计是家居空间软装设计的核心，它涉及家具的选型、布局和风格协调。首先，家具的选型要根据家居空间的功能需求和居住者的生活习惯来确定，既要实用又要美观。其次，家具的布局要合理，确保家居空间的通透性和流动性，避免拥挤和压抑。最后，家具的风格要与整体家居风格协调，形成统一、和谐的视觉效果（图 6-1 ～ 图 6-3）。

2. 织物设计要点

织物在家居空间中起到了重要的装饰和实用作用。织物设计要点包括材质选择、色彩搭配和图案设计。在材质选择方面，要考虑织物的舒适性、耐用性和易清洁性；在色彩搭配方面，织物色彩要与整体家居风格协调，同时考虑到居住者的喜好和情感需求；在图案设计方面，可以根据家居空间的特点和风格来选择合适的图案，增加家居空间的层次感和趣味性（图 6-4 ～ 图 6-6）。

图 6-1   图 6-2

图 6-3

图 6-4

图 6-5

图 6-6

3. 照明设计要点

照明设计对于家居空间的氛围营造和实用性至关重要。照明设计要点包括光源选择、灯具造型和光线布局。在光源选择方面，要根据家居空间的功能需求来选择合适的光源类型和色温；灯具造型要与整体的家居风格匹配，同时要考虑到实用性和美观性；光线布局要合理，确保家居空间的明亮度和舒适度，避免眩光和阴影（图 6-7 ～ 图 6-9）。

图 6-7

图 6-8　　　　　　　　　　　　图 6-9

4. 绿植设计要点

绿植在家居空间中能够增添自然气息和生机活力。绿植设计要点包括植物选择、摆放位置和养护管理。在植物选择方面，要根据家居空间的大小、光照条件和居住者的喜好来选择合适的植物种类；摆放位置要考虑植物的生长需求和空间的美观性；在养护管理方面，要定期浇水、修剪和施肥，保持植物健康生长（图 6-10 ～ 图 6-12）。

图 6-10

图 6-11　　　　　　　　　　　　图 6-12

5. 其他设计要点

除以上几个主要设计要点外，家居空间软装设计还有其他设计要点需要考虑。例如，饰品的选择和摆放能够增加家居空间的趣味性及个性化；墙面的装饰可以通过挂画、壁纸等方式来丰富家居空间的视觉效果；地面材料的选择要考虑到耐磨性、防滑性和美观性等因素。另外，还要注重家居空间的收纳设计，合理利用家居空间，保持家居空间整洁和有序。

四、家居各功能区软装设计

1. 客厅软装设计

客厅作为家居空间的中心区域，是家庭成员聚会、休息和娱乐的主要场所。客厅软装设计要注重舒适性和美观性的平衡。在家具选择上，沙发和茶几是客厅的主要家具，要考虑到尺寸、风格和舒适度，同时要与整体家居风格协调。在色彩和材质方面，可以选择温馨的中性色调和柔和的材质，营造舒适放松的氛围。在照明设计方面，除主灯外，还可以加入落地灯、台灯等辅助照明设备，增加空间的层次感和温馨感。另外，通过挂画、地毯、窗帘等饰品的点缀，可以进一步提升客厅的艺术感和个性化（图6-13）。

2. 卧室软装设计

卧室是居住者休息和放松的私密空间，卧室软装设计要注重营造宁静、舒适的氛围。床是卧室的核心家具，要选择舒适度高、风格与整体家居协调的款式。床头柜、衣柜等家具也要根据卧室的大小和需求进行合理配置。在色彩上，卧室一般以柔和的色调为主，如淡蓝色、浅灰色等，这有助于放松心情。在材质上，可以选择亲肤的棉麻布料和柔软的绒毛制品，提高睡眠舒适度。照明设计要考虑到柔和度和便利性，床头灯是必不可少的辅助照明设备。另外，还可以加入抱枕、毛毯、窗帘等饰品，提升卧室的温馨感（图6-14）。

图 6-13   图 6-14

3. 书房软装设计

书房是居住者学习和工作的场所，书房软装设计要注重营造安静、专注的氛围。书桌和书柜是书房的主要家具，要选择实用性强、风格简约的款式。在色彩上，书房一般以淡雅、清新的色调为主，这有助于保持头脑清醒。在照明上，要考虑到光线均匀、柔和，避免眩光和阴影对视力造成影响。另外，在书房中还可以加入一些艺术品和绿植，提升空间的艺术气息和自然气息，以减小居住者学习和工作的压力（图6-15）。

4. 餐厅软装设计

餐厅是家庭成员用餐和聚会的场所，餐厅软装设计要注重营造温馨、愉悦的氛围。餐桌和餐椅是餐厅的主要家具，要选择舒适度高、风格与整体家居空间协调的款式。在色彩上，餐厅可以选择暖色调来增加食欲和温馨感。在照明上，要考虑到照明效果和氛围营造，吊灯和壁灯是常见的餐厅照明设备。另外，在餐厅中还可以加入餐具、餐巾、花瓶等饰品，提升用餐体验和艺术感（图6-16）。

图 6-15　　　　　　　　　　　　　　图 6-16

5. 厨房软装设计

厨房是烹饪和准备食物的地方，厨房软装设计要注重实用性和卫生性。厨房家具包括橱柜、操作台等，要选择防水、易清洁的材质，并合理规划储物空间。在色彩上，厨房一般以清爽、明亮的色调为主，这有助于保持烹饪环境的整洁和舒适。在照明上，要考虑到工作区域的照明需求，避免阴影和眩光对操作造成影响。另外，在厨房中还可以加入一些厨房用品和绿植，提升烹饪的乐趣和厨房空间的生机（图 6-17）。

6. 卫浴软装设计

卫浴空间是私密性较强的区域，卫浴软装设计要注重舒适性和卫生性。卫浴家具包括洗手台、马桶、淋浴房等，要选择防水、易清洁的材质，并注重实用性和美观性的平衡。在色彩上，卫浴空间一般以清新、淡雅的色调为主，这有助于营造放松和舒适的氛围。在照明上，要考虑到照明效果和安全性，避免水汽对电路造成影响。另外，在卫浴空间中还可以加入毛巾、浴巾、防滑垫等饰品，提升便利性和舒适度（图 6-18）。

图 6-17　　　　　　　　　　　　　　图 6-18

◉ 单元实训

1. 实训目标

（1）通过实训，学生能够巩固和应用家居空间软装设计的理念、原则及要点。

（2）通过实训，学生能够掌握家居各功能区软装设计的基本方法和技巧。

（3）通过实训，学生能够提高实践能力和创新能力。

2. 实训内容

（1）分组与选题。学生分组进行实训，每组4人或5人。每组选择一个家居功能区（如客厅、卧室、书房等）进行软装设计。

（2）现场调研。每组选择一个校园内的公共空间（如教室、图书馆角落、休息区等）作为实训场地，进行现场调研。记录场地的尺寸、布局、光照条件等信息，并观察现有家具和装饰品的风格与使用情况。

（3）设计构思。根据现场调研结果，结合家居空间软装设计的理念和原则，进行设计构思。确定家具选型、色彩搭配、照明设计、饰品点缀等方案，并绘制初步的设计草图。

（4）材料准备。根据设计构思，准备所需的软装材料，如布料、壁纸、灯具、饰品等。材料应尽量选择轻便、易搬运的，以便在校园内完成实训。

（5）实际操作。在选定的实训场地内，按照设计构思进行实际操作，包括家具的摆放、织物的铺设、照明设备的安装及饰品的点缀等。

（6）成果展示与评价。实训完成后，每组进行成果展示，介绍设计思路和实现过程。其他同学和教师进行评价及反馈，提出改进意见。

3. 实训要求

（1）学生要认真参与实训过程，积极参与讨论和合作。

（2）设计方案要体现家居空间软装设计的理念和原则，注重实用性和美观性的平衡。

（3）在实际操作中要注意安全，遵守学校的相关规定。

（4）成果展示要清晰明了，能够充分展示设计思路和实现效果。

单元二　商业空间软装设计

◉ 单元认知

商业空间的存在从一个侧面反映了一个国家、一个城市的精神生活风貌和物质经济状况。商业空间软装设计的目的是塑造一个良好的商业购物环境。具体来讲，商场室内外环境的塑造是为顾客创造与时代特征统一，符合顾客心理行为，充分体现舒适感、安全感和品质感的消费场所。

◉ 单元学习

一、商业空间类型

（1）按建筑规模分类，商业空间可分为商业街、商业中心、大型专业商城、大中型综合商场、大中型自选商场、各专业商店、小型商铺、店面、摊位等。

（2）按内容、经营特点和组织方式分类，商业空间可分为百货商店、购物中心、专业商店和超级市场等类型。

1）百货商店：是规模较大的商业场所，经营种类繁多，顾客在购物时有较大的选择余地。

2）购物中心：可以满足消费者多元化的需要，内设大型的百货店、专卖店、画廊、银行、餐厅、休闲娱乐场所、停车场、绿化广场等空间。

　　3）专业商店：又称专卖店，其营销方式有高档化、时尚流行化、品牌化等特色，并且经营加盟品牌，注重品种的多样化。

　　4）超级市场：其商品品种多，价格低，是一种开架售货、顾客直接挑选、高效率售货的综合商品销售环境。

二、商业空间软装设计特性

　　（1）展示性：是指商品有序陈列及促销表演等商业活动。

　　（2）服务性：是指销售、洽谈、维修、示范等行为。

　　（3）休闲性：是指可以提供附属设施，即设置餐饮、娱乐、健身、影剧、画廊、酒吧等多种其他功能场所。

　　（4）文化性：在商业空间软装设计中体现为通过艺术元素和地方特色来营造独特的氛围，它不仅传达品牌理念，还增强顾客的体验感和归属感。商业空间是大众传播信息的媒介和文化场所。随着社会的进步、经济的发展及人们消费观念的变化，商业空间的发展模式和功能正不断向多元化、多层次方向发展。一方面，购物形态更加多样；另一方面，购物内涵更加丰富，不再局限于单一的展示和服务，而体现出休闲性、文化性和娱乐性等更加人性化的综合消费趋势。

三、商业空间软装设计原则

　　（1）突出品牌形象。商业空间软装设计应紧密围绕品牌形象展开，通过色彩、材质、风格等元素的运用，强化品牌的视觉识别度，提升品牌价值。

　　（2）功能性优先。商业空间的主要功能是吸引顾客、促进销售，因此，其软装设计应首先满足商业空间功能需求，如展示区、洽谈区、休息区等的合理划分和布置。

　　（3）舒适与美观并重。商业空间不仅要吸引顾客，还要让顾客愿意停留，因此，其软装设计应注重舒适性和美观性的平衡，营造轻松、愉悦的消费环境。

四、商业空间软装设计要点

1. 入口、门厅软装设计

　　入口和门厅是商业空间的第一印象区，其软装设计应体现品牌特色，同时兼具引导顾客进入内部空间的功能。在色彩上，可以选择鲜明且与品牌形象相符的色调，吸引顾客的注意力。在材质上，应选用耐磨、易清洁的材料，以应对大人流量的使用环境。另外，通过合理的照明设计和装饰品摆放，可以营造温馨、舒适的氛围，提升顾客的购物体验（图6-19）。

2. 过渡空间软装设计

　　过渡空间是连接商业空间不同功能区的桥梁，其软装设计应注重空间的流畅性和连贯性。在色彩和材质上，可以与相邻空间保持一定的协调性，避免过于突兀的转换。同时，可以通过艺术品、绿植等元素的点缀，增加空间的趣味性和层次感（图6-20）。

图 6-19 图 6-20

3. 交通空间软装设计

交通空间包括走廊、楼梯等，是顾客在商业空间中移动的主要通道。其软装设计应注重导向性和安全性。在色彩上，可以选择明亮、柔和的色调，提高交通空间的通透感和舒适度。在照明上，应确保足够的光照强度，避免产生阴影和盲区。另外，可以通过墙面装饰、地毯等元素的运用，提升交通空间的品质感和艺术感（图 6-21）。

4. 顶棚软装设计

顶棚是商业空间的重要组成部分，其软装设计可以影响整个商业空间的视觉效果和氛围营造。在材质上，可以选择具有吸声、隔声功能的材料，提升商业空间的声学环境。在色彩和造型上，应与整体设计风格协调，营造独特的空间氛围。同时，通过吊顶、灯光等元素的运用，可以强调商业空间的层次感和立体感（图 6-22）。

图 6-21 图 6-22

5. 地面软装设计

地面是商业空间中顾客接触最多的部分，其软装设计应注重实用性和美观性的平衡。在材质上，可以选择防滑、耐磨、易清洁的材料，确保顾客安全和舒适。在色彩和图案上，应与整体设计风格协调，兼顾商业空间的导向性和识别性。通过合理的地面铺装和划分，形成可以引导顾客的流线，提升商业空间的利用效率（图 6-23）。

6. 墙面软装设计

墙面是商业空间的视觉焦点之一，其软装设计对于营造商业空间氛围和品牌形象具有重要意义。在材质上，可以选择环保、耐用的材料，确保商业空间健康和安全。在色彩和图案上，可以根据品牌特色和商业空间功能进行选择与搭配，营造独特的视觉效果。同时，通过墙绘、挂画、壁饰等元素的运用，可以丰富商业空间的层次感和文化内涵（图 6-24）。

图 6-23　　　　　　　　　　　　　　　　图 6-24

7. 装饰软装设计

装饰是商业空间中提升品质感和艺术感的重要元素。在材质上，可以选择与整体设计风格匹配的材质，营造和谐统一的商业空间氛围。在色彩和造型上，可以根据商业空间的功能和氛围需求进行选择，创造具有吸引力的视觉效果。同时，通过合理的布局和搭配，可以使装饰与商业空间环境相互映衬，提升整体的美感（图 6-25）。

8. 陈列柜软装设计

陈列柜是商业空间中展示商品的重要设施，其软装设计应注重实用性和展示效果的平衡。在材质上，可以选择防潮、防尘、易清洁的材料，确保商品安全和卫生。在色彩和造型上，应与品牌形象和商品特性协调，突出商品的卖点和特色。同时，通过合理的照明设计和空间布局，可以营造吸引人的展示效果，提升顾客的购买欲望（图 6-26）。

图 6-25　　　　　　　　　　　　　　　　图 6-26

◉ 单元实训 ⌐⌐⌐⌐⌐⌐⌐⌐⌐⌐⌐⌐⌐⌐⌐⌐⌐⌐⌐⌐⌐⌐⌐⌐⌐⌐⌐⌐⌐⌐⌐ ◎

1. 实训目标

（1）通过实训，学生能够掌握商业空间的类型和特性。

（2）通过实训，学生能够理解并应用商业空间软装设计的原则。

（3）通过实训，学生能够掌握商业空间各功能区软装设计要点。

（4）通过实训，学生能够提高实践能力和创新设计能力。

2. 实训内容

（1）理论回顾与案例分析。

1）回顾商业空间类型（如百货商店、购物中心、专业商店等）、特性（如展示性、服务性、休闲性等）及其软装设计原则（如品牌形象一致性、空间利用率、顾客体验等）。

2）分析几个典型的商业空间软装设计案例，讨论其设计特点、优点及缺点。

（2）设计任务确定。

1）学生选择一个具体的商业空间类型（如小型咖啡馆或精品店）作为设计对象。

2）确定设计任务的目标和要求，如预算限制、品牌特色、目标顾客群体等。

（3）现场调研与资料收集。

1）对所选商业空间进行实地调研，记录空间布局、尺寸、现有装饰等信息。

2）收集相关资料，包括品牌资料、市场趋势、顾客需求等，为软装设计提供依据。

（4）制订设计方案。

1）根据设计原则和设计要点，制订设计方案。

2）包括入口、门厅、过渡空间、顶棚、地面、墙面、装饰和陈列柜的软装设计。

3）绘制设计草图，并附上详细的材料、色彩和照明方案。

（5）设计方案展示与讨论。

1）学生展示自己的设计方案，并解释设计思路和实现过程。

2）同学之间互相评价，提出改进意见和建议。

（6）设计方案优化与总结。

1）根据同学和教师的反馈，对设计方案进行优化。

2）总结实训过程中的收获和体会，提炼商业空间软装设计的要点和技巧。

3. 实训要求

（1）学生应认真参与实训过程，积极参与讨论和合作。

（2）设计方案应符合商业空间软装设计的原则和要求，注重实用性和美观性的平衡。

（3）在设计过程中应注意材料的选择和成本控制，确保设计方案的可行性。

（4）设计方案展示要清晰明了，能够充分体现设计思路和实现效果。

单元三　餐饮空间软装设计

餐饮空间软装设计

◉ 单元认知

餐饮空间软装设计是对餐饮空间的再创造和再设计。好的餐饮空间软装设计能反映当地的人文、地域特征，提高餐饮空间的文化艺术品位，从家具样式到陈设饰品的风格及织物的纹样、色彩都应做到相互呼应、和谐统一。

◉ 单元学习

一、餐饮空间软装设计原则

（1）营造用餐氛围。餐饮空间软装设计应围绕营造用餐氛围展开，通过色彩、照明、家具、织物等元素的搭配，营造温馨、舒适、有特色的用餐氛围。

（2）符合餐饮文化。不同类型的餐饮空间有不同的文化背景和风格特点。餐饮间软装设计应充分考虑这些因素，体现餐饮文化的独特魅力。

（3）实用性与艺术性相结合。餐饮空间软装设计既要满足实用性的需求，如餐桌、餐椅、餐具等的合理配置，又要注重艺术性的表达，通过装饰画、绿植、饰品等的点缀，提升餐饮空间的艺术感。

二、不同餐饮空间软装设计

1. 中餐厅软装设计

中餐厅设计以中国传统风格为标准，结合中国传统建筑构件，如斗拱、红漆柱、雕梁画栋、沥粉彩画，经过提炼，形成庄严、典雅、敦厚方正的陈设效果，可以通过题字、书法、绘画、器物等的陈设来呈现高雅脱俗的境界（图6-27～图6-31）。

在中餐厅软装设计中，常用到以下装饰品和装饰图案。

（1）传统吉祥图案在我国深受人们的喜爱，在几千年来的民间装饰美术中久盛不衰，给人们带来了精神上的愉悦。传统吉祥图案包括龙、凤、麒麟、鹤、鱼、鸳鸯等动物图案和松、竹、梅、兰、菊、荷等植物图案，以及它们的变形组合图案等。

（2）中国字画具有很好的文化品位，是中餐厅中很好的装饰品。它有三种装裱方式，即横幅、条幅和斗方。在软装设计中，要视墙面的大小和空间高度确定其比例及尺寸。

中餐厅软装设计作品

（3）古玩、工艺品也是中餐厅软装设计中常见的装饰品，其种类繁多，尺寸差异很大。对于尺寸较小的古玩和工艺品，常常采用统一陈列的方式再配以顶灯或底灯，以达到意想不到的视觉效果。

（4）生活用品和生产用具有时也是中餐厅的装饰选择。这种装饰品在一些旅游饭店的中餐厅中运用较多，可以使旅游者强烈地感受到当地的民风民俗。这类装饰品有的悬挂于墙面或顶棚，有的陈设在餐厅的角落或靠墙边一带构成一个小景观。设计时一定要注意不能影响交通，也不能占用太大的面积，以免造成喧宾夺主的效果。

图 6-27

图 6-28

图 6-29

图 6-30   图 6-31

2. 西餐厅软装设计

西餐厅软装设计常以西方传统模式进行布置，主要陈设内容有古老的柱饰和门窗、优美的铸铁工艺品、漂亮的彩绘玻璃及现代派绘画、现代雕塑等，并且常常设置钢琴、烛台、好看的桌布、豪华餐具等，以体现西餐文化。

西餐厅离不开西洋艺术品和装饰图案的点缀与美化。不同空间大小的西餐厅对这些艺术品与图案的要求也各不相同。在一些装饰豪华的较大空间中，无论是平面还是立体的装饰品，其尺寸一般较大，装饰图案运用也较多。对于空间不大的西式雅间，其装饰品的尺寸都相对较小。至于装饰品和装饰图案的多少，要从实际需要出发，特别要注意避免出现"装饰品和图案越多，西餐厅的豪华程度越高"的错误想法（图 6-32 ～ 图 6-34）。

图 6-32

图 6-33   图 6-34

可用于西餐厅软装设计的装饰品与装饰图案大致有以下几类。

（1）雕塑。在西餐厅软装设计中可以选用一些雕塑来点缀空间。雕塑根据造型风格的不同可分为古典雕塑和现代雕塑。古典雕塑适用于较为传统的装饰风格，而现代雕塑则适用于装饰风格较为简洁的西餐厅。现代雕塑具有夸张、变形、抽象的形式，有强烈的形式美感。雕塑常结合隔断、壁架及庭院绿化等设置。

（2）西洋画。西洋画中最具特色的是油画与水彩画。油画厚重浓烈，具有交响乐般的表现力；水彩画轻松、明快，犹如一支浪漫的小夜曲。两者都是西餐厅装饰品的最佳选择。

（3）西方工艺品。西方工艺品是欧美传统手工艺劳动的结晶，如今已达到很高的水准。西方工艺品包括瓷器、银器、家具、灯具等。例如，家具既可用于雅间，也可用于一些特别区域作为陈列展示之用，而瓷器和银器通常作为生活用品摆放在台面上装点空间。

（4）生活用具与传统兵器。具有代表性的生活用具和传统兵器也是西餐厅经常采用的装饰品，常用的生活用具包括水车、啤酒桶、舵与绳索等。这些生活用具反映了西方人的生活方式与文化。除此之外，传统兵器在一定程度上也反映了西方的历史与文化，如剑、斧、刀、枪等。

（5）西方传统装饰图案。西式传统装饰图案主张完全走向自然，强调不存在直线，在装饰上多用曲线和有机形态。西方传统装饰图案大量为动植物图案，包括一些西方人崇尚的凶猛动物图案，如狮与鹰等；还有一些与西方人的生活密切相关的动物图案，如牛、羊等。

3. 快餐厅软装设计

快餐厅因其特有的快节奏和大众化特点而具有独特的软装设计要求（图6-35、图6-36）。

图 6-35　　　　　　　　　　　　　　图 6-36

（1）快餐厅软装设计应注重空间利用与效率提升。在布局上，快餐厅通常采用开放式设计，以便于顾客快速选择座位和点餐。餐桌和餐椅的布局应紧凑而有序，既保证顾客有足够的用餐空间，又避免空间浪费。同时，通过合理的流线设计，使顾客从进店、点餐到用餐、离店的过程流畅无阻，提高服务效率。

（2）色彩与照明在快餐厅软装设计中起着关键作用。快餐厅通常以明亮、轻快的色调为主，如浅黄、浅蓝等，以营造轻松愉快的用餐氛围。在照明设计方面，要确保空间明亮，同时避免出现过于刺眼的光线，让顾客在舒适的环境中享受美食。另外，通过巧妙的灯光布置，如使用吊灯、壁灯等，可以营造温馨、时尚的用餐环境。

（3）家具与装饰陈设的选择是快餐厅软装设计的重要组成部分。家具应选用简约、实用的款式，以便于清洁和维护。同时，可以通过添加一些装饰陈设，如画作、绿植等，为空间增添生机与活力。这些装饰元素不仅可以提升快餐厅的整体美感，还可以让顾客在用餐时感受到餐饮品牌的独特魅力。

三、餐饮空间软装设计要点

1. 家具设计要点

在餐饮空间软装设计中，家具的选择与布局直接影响着顾客的用餐体验。首先，家具的设计应符合餐饮空间的整体风格，无论是现代简约还是传统复古，家具的线条、色彩和材质都应与之协调。其次，家具的实用性也是不可忽视的，如餐桌应稳固耐用，餐椅应舒适且易于移动。另外，家具的尺寸和布局也是关键，要确保餐饮空间利用率最大化，同时避免产生拥挤或空旷的感觉。

2. 织物设计要点

织物在餐饮空间中主要设置于桌布、椅套、窗帘等部位，它们不仅能增添餐饮空间的温馨感，还能起到调节光线和保护隐私的作用。在选择织物时，应考虑其材质、色彩和图案。在材质方面，应选用易于清洁、耐磨耐用的材料；在色彩和图案方面，应与整体设计风格协调，同时要考虑到顾客的视觉感受。另外，织物的质地和触感也是提升用餐体验的重要因素。

3. 装饰品设计要点

装饰品在餐饮空间软装设计中起到点缀和装饰的作用，它们可以是画作、摆件、雕塑等艺术品，也可以是具有实用功能的餐具、灯具等。在选择装饰品时，应注重其风格、色彩和材质与整体设计的协调性。同时，装饰品的摆放位置和数量也需要精心设计，既要避免过于拥挤，又要确保餐饮空间的层次感和丰富性。另外，装饰品的选择还可以反映出餐厅的品牌文化和特色，增强顾客的品牌认同感。

4. 绿植设计要点

绿植在餐饮空间中不仅能美化环境，还能净化空气、缓解顾客的压力。在选择绿植时，应考虑其生长习性、形态和色彩。适合餐饮空间的绿植应具有较强的适应性，易于养护。在形态上，可以选择具有观赏性的盆栽或悬挂式植物；在色彩上，应与整体环境协调，营造自然、舒适的用餐氛围。另外，绿植的摆放位置也需要重点考虑，既要避免影响顾客的用餐体验，又要确保绿植的生长环境。

◉ 单元实训 ....◉

1. 实训目标

（1）通过实训，学生能够理解和应用餐饮空间软装设计的原则。

（2）通过实训，学生能够掌握不同餐饮空间（中餐厅、西餐厅、快餐厅）软装设计的特点与要点。

（3）熟悉餐饮空间软装设计要点，包括家具、织物、饰品、绿植的选择与搭配。

（4）通过实训，学生能够提高实践能力和创新设计能力。

2. 实训内容

（1）理论回顾与案例分析。

1）回顾餐饮空间软装设计的原则，如品牌特色、顾客体验、功能性、审美性等。

2）分析中餐厅、西餐厅和快餐厅软装设计的案例，讨论其设计风格、色彩搭配、家具陈设等方面的特点。

（2）项目确定与资料收集。

1）学生分组，每组选择一个特定的餐饮空间类型（中餐厅、西餐厅或快餐厅）作为设计对象。

2）收集相关资料，包括目标客户群体、品牌文化、市场趋势等，为软装设计提供依据。

（3）制订设计方案。

1）根据所选餐饮空间的特点和软装设计原则，制订设计方案。

2）包括家具选择（如餐桌、餐椅、吧台等）、织物设计（如桌布、窗帘、地毯等）、装饰品搭配（如挂画、摆件、灯具等）和绿植布置。

3）绘制设计草图，并附上材料、色彩和照明方案。

（4）设计方案展示与讨论。

1）每组展示自己的设计方案，并解释设计思路和实现过程。

2）同学之间互相评价，提出改进意见和建议。

（5）设计方案优化与总结。

1）根据同学和教师的反馈，对设计方案进行优化。

2）总结实训过程中的收获和体会，提炼餐饮空间软装设计的要点和技巧。

3. 实训要求

（1）学生应认真参与实训过程，积极参与讨论和合作。

（2）设计方案应符合餐饮空间软装设计的原则和要求，注重实用性和美观性的平衡。

（3）家具、织物、装饰品、绿植的选择与搭配应体现所选餐饮空间的特色和文化。

（4）设计方案展示要清晰明了，能够充分体现设计思路和实现效果。

参 考 文 献

［1］徐鉴，孙溧 . 软装工程实务 [M]. 北京：北京理工大学出版社，2023.

［2］隋燕，徐舒婕 . 室内陈设设计 [M]. 北京：北京理工大学出版社，2020.

［3］徐士福，胡翔 . 室内软装饰设计 [M]. 南京：南京大学出版社，2015.